中蜂
高效养殖技术

杨冠煌 编著

化学工业出版社
·北京·

图书在版编目（CIP）数据

中蜂高效养殖技术一本通/杨冠煌编著. —北京：化学工业出版社，2019.6（2025.5 重印）

ISBN 978-7-122-34234-8

Ⅰ. ①中…　Ⅱ. ①杨…　Ⅲ. ①中华蜜蜂-蜜蜂饲养　Ⅳ. ①S894.1

中国版本图书馆 CIP 数据核字（2019）第 059472 号

责任编辑：邵桂林　　　　文字编辑：焦欣渝
责任校对：宋　夏　　　　装帧设计：关　飞

出版发行：化学工业出版社（北京市东城区青年湖南街 13 号　邮政编码 100011）
印　　装：北京科印技术咨询服务有限公司数码印刷分部
850mm×1168mm　1/32　印张 6½　字数 113 千字
2025 年 5 月北京第 1 版第 9 次印刷

购书咨询：010-64518888　　　　售后服务：010-64518899
网　　址：http：//www.cip.com.cn
凡购买本书，如有缺损质量问题，本社销售中心负责调换。

定　　价：35.00 元　

前言

中华蜜蜂（以下简称中蜂）是我国的蜜蜂物种，是东方蜜蜂种的定名亚种，也是维护我国自然生态系统的重要物种。

早在3000多年前，我国就有古籍记载收捕野生蜂群取蜜，以及利用木桶进行饲养的人工饲养技术。20世纪初，我国引进欧洲的意大利蜂（以下简称意蜂）及其活框饲养技术。不少地方将意蜂饲养技术应用在饲养中蜂上。但由于中蜂与意蜂是不同物种，生搬硬套其饲养技术产量很低，而且经常造成蜂群大量逃亡。因此，如何饲养好中蜂、掌握好中蜂饲养技术、提高养殖效益，对广大读者而言显得非常急迫。

根据笔者及其团队的研究成果和实践经验，在《中蜂高效养殖技术一本通》这本书中介绍了中蜂饲养技术。采用本书中的饲养技术，蜂群很少逃亡，而且大大提高了单群产量及质量。

本书中引用的插图，除通用的示意图外，都是笔者及国内有关学者根据中蜂形态绘制的。有关病虫害防治方面引用了冯峰研究员的材料。

本书作为较为实用的中蜂养殖技术指导书，适于高中以上文化水平的读者使用。也衷心希望本书能为中蜂饲养者提供帮助。

由于水平和时间所限，书中难免存在不妥之处，敬请广大读者批评指正，以便在今后再版时修订。

杨冠煌

2019 年 5 月于中国农科院蜜蜂研究所

目录

第1章　生物学特性 …… 1

1.1　形态特征 …… 1

1.1.1　蜂群的三种个体 …… 1

1.1.2　工蜂 …… 2

1.1.3　蜂王 …… 4

1.1.4　雄蜂 …… 5

1.2　生理特性 …… 5

1.2.1　消化系统 …… 6

1.2.2　雌性生殖系统 …… 6

1.2.3　雄性生殖系统 …… 7

1.2.4　分泌腺 …… 7

1.3　个体特性和行为 …… 9

1.3.1　工蜂的活动和行为 …… 9

1.3.2　蜂王的活动和行为 …… 16

1.3.3　雄蜂的活动和行为 …… 18

1.4　群体的活动和行为 …… 18

1.4.1　信息传递 …… 19

1.4.2 温、湿度调节 …… 22
1.4.3 分蜂过程的活动和行为 …… 25
1.4.4 迁栖活动和行为 …… 27
1.4.5 抗逆特性 …… 29
1.4.6 无王群的活动和行为 …… 30

第2章 基本饲养技术 …… 32

2.1 固定巢脾的饲养技术 …… 32
2.1.1 蜂桶饲养 …… 32
2.1.2 过箱技术 …… 34
2.1.3 收捕野生蜂群技术 …… 38
2.2 活框基本饲养技术 …… 39
2.2.1 蜂具 …… 39
2.2.2 蜂群的摆放及移动 …… 45
2.2.3 蜂群的检查 …… 47
2.2.4 蜂群的合并 …… 50
2.2.5 人工分群 …… 52
2.2.6 蜂王的诱入 …… 53
2.2.7 人工育王技术 …… 56
2.2.8 自然分蜂及飞逃蜂团的收捕 …… 63
2.2.9 盗蜂及其防止技术 …… 65
2.2.10 工蜂产卵的识别和处理 …… 68
2.2.11 蜂群的饲喂 …… 69
2.2.12 造脾技术与巢脾的保存 …… 71

2.2.13 取蜜技术 …… 75

2.2.14 蜂群的保温及遮阴 …… 76

第3章 饲养管理 …… 79

3.1 四季管理 …… 79

3.1.1 春季管理 …… 79

3.1.2 夏季管理 …… 86

3.1.3 秋季管理 …… 88

3.1.4 冬季管理 …… 89

3.2 流蜜期管理 …… 91

3.2.1 大流蜜期取蜜 …… 91

3.2.2 分散蜜源期取蜜 …… 92

3.3 短途转地技术 …… 92

3.3.1 转地前的准备 …… 92

3.3.2 转地途中的管理 …… 93

3.3.3 到新场地的管理 …… 94

3.4 生产王浆技术 …… 95

3.4.1 产浆群的选择 …… 95

3.4.2 移虫的虫龄 …… 95

3.4.3 操作程序 …… 95

3.4.4 市场前景 …… 96

3.5 生产花粉技术 …… 97

3.5.1 安装封闭式巢门脱粉器 …… 97

3.5.2 花粉的收集和贮存 …………………… 98
3.5.3 管理要点 …………………………… 98
3.6 蜂蜡生产技术 ……………………………… 99
3.6.1 收集蜂蜡 …………………………… 99
3.6.2 使用采蜡巢框…………………………… 99
3.6.3 化蜡 ………………………………… 100
3.7 蜂毒生产技术 ……………………………… 102
3.7.1 封闭隔离式蜂毒采集器 ……………… 102
3.7.2 取毒蜂群的管理 …………………… 103
3.7.3 采毒操作 …………………………… 103
3.7.4 蜂毒的收集 ………………………… 104
第4章 病虫害及其防治 ……………………… 105
4.1 囊状幼虫病 ……………………………… 105
4.1.1 症状 ………………………………… 105
4.1.2 类型 ………………………………… 106
4.1.3 致病因子 …………………………… 107
4.1.4 防治 ………………………………… 108
4.2 欧洲幼虫腐臭病 ………………………… 110
4.2.1 症状 ………………………………… 110
4.2.2 病原 ………………………………… 110
4.2.3 防治 ………………………………… 110
4.3 孢子虫病 ………………………………… 111
4.3.1 症状 ………………………………… 111

4.3.2 病原 …… 111
4.3.3 防治 …… 112
4.4 蜡螟 …… 112
4.4.1 蜡螟与小蜡螟的区别 …… 113
4.4.2 生活习性 …… 114
4.4.3 防治 …… 115
4.5 绒茧蜂 …… 115
4.5.1 症状 …… 115
4.5.2 防治 …… 116
4.6 胡蜂 …… 116
4.6.1 种类 …… 116
4.6.2 防治 …… 117
4.7 痢疾病 …… 118
4.7.1 病因 …… 118
4.7.2 症状 …… 118
4.7.3 防治 …… 118
4.8 蚂蚁 …… 119
4.8.1 症状 …… 119
4.8.2 防治 …… 119
4.9 其他病虫害 …… 119
4.9.1 鬼脸天蛾 …… 119
4.9.2 马氏管变形虫病 …… 120
4.10 农药中毒的预防和处理 …… 120
4.10.1 症状 …… 120
4.10.2 预防方法 …… 121

第5章　选种育种 …… 122

5.1　本地蜂种的选育 …… 124

5.1.1　确定选育目标 …… 124

5.1.2　经济性状的测定 …… 125

5.1.3　确定种王群 …… 128

5.1.4　配种雄蜂 …… 128

5.1.5　闭锁集团选育 …… 129

5.2　抗囊状幼虫病品系的选育 …… 129

5.3　引入外地品系的选育 …… 130

5.4　蜂王邮寄 …… 131

5.4.1　邮寄王笼 …… 131

5.4.2　炼糖的配制 …… 132

5.4.3　邮寄 …… 132

第6章　蜜源植物和授粉 …… 134

6.1　蜜源植物 …… 134

6.1.1　主要蜜源植物种类 …… 134

6.1.2　春山花 …… 142

6.1.3　秋山花 …… 145

6.1.4　有毒蜜源植物 …… 147

6.2　温室授粉 …… 150

6.2.1　北方冬季温室 …… 150

6.2.2　南方冬季大棚 …… 152

第 7 章　产品及其加工……………………153

7.1　蜂蜜……………………………………153

7.1.1　分离蜜……………………………153

7.1.2　巢蜜………………………………157

7.1.3　蜂蜜的浓缩………………………159

7.1.4　蜂蜜的发酵………………………160

7.2　蜂花粉…………………………………161

7.2.1　干燥处理…………………………161

7.2.2　包装………………………………162

7.3　蜂蜡……………………………………163

7.3.1　中蜂蜡与西蜂蜡的感官鉴别………163

7.3.2　中蜂蜡与西蜂蜡的组分差异………164

附录 1　中华蜜蜂十框标准蜂箱…………166

附录 2　中华蜜蜂活框饲养技术规范………177

参考文献……………………………………196

第1章 生物学特性

1.1 形态特征

1.1.1 蜂群的三种个体

蜂群由蜂王、工蜂、雄蜂三种类型的个体组成。蜂王、工蜂是雌性，雄蜂是雄性。

蜂王、雄蜂、工蜂外形如图1-1所示。

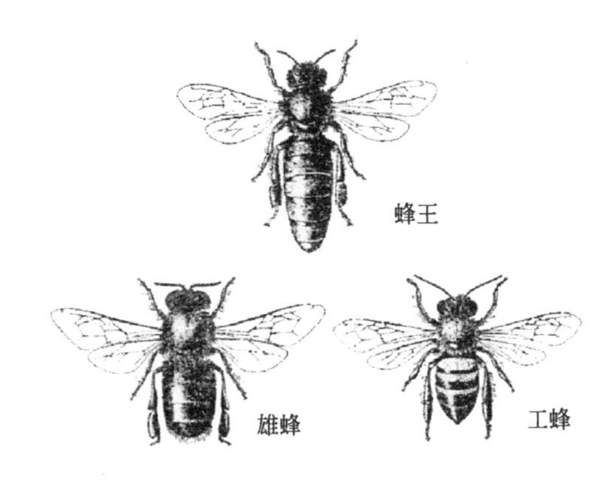

图1-1 中华蜜蜂的蜂王、雄蜂、工蜂（梁锦英绘）

1.1.2 工蜂

1.1.2.1 体躯

工蜂的体躯由头、胸、腹三部分组成。

头部一对鞭状触角，触角由柄节、梗节和鞭节组成；一对复眼，三个单眼；口器为嚼吸式口器。

胸部由前胸节、中胸节、后胸节三部分组成，每一胸节着生一对足，中胸节和后胸节的背侧分别着生一对膜质翅。第一腹节与胸部构成了并胸腹节，腹部呈卵形，前端宽大，后端呈圆锥状。第二腹节前端形成一柄状，前缘与并胸腹节背板的一对关节突起相连接。第二腹节后端突然宽大，形成壁状的背板，第三背板的两侧有对圆形的气门，第四背板前端两边有一突起。

从第四至第七腹节的腹板前部，即前一节后缘覆盖的部分，各具有一对膜质透明板，称为蜡镜，蜡镜下方附着蜡腺。第七腹节是最后一个可见腹节，呈圆锥形。其后端转化为向下的尖卵形板。第八、第九腹节转化为螯针，藏于第七节腹节内。

1.1.2.2 翅

翅由前、后各一对翅组成。

前翅大，翅脉主要有前缘脉、径脉、肘脉、臀脉，从基部向后延伸。

后翅小，翅脉分枝细又少，前缘脉已消失成为一列翅钩着生于翅前缘，由径分脉与中横脉组成的一条复合脉（R＋M）为后翅第一翅脉，后端分出一条径中分脉。第二翅脉为肘脉，后端分出两条，上接径中分脉的末端，下端向下延伸形成一个明显的分叉。

1.1.2.3 足

工蜂有前、中、后三对足，每对足由基节、转节、腿节、胫节及跗节组成。跗节由5个分节构成，第一分节扩大和加长，称为跗茎节，其上具一对爪和一个悬螯。

前足：基节、转节呈黄色；跗茎节基部有一个深半圆形的缺口和一个从胫节端部伸到缺口上的指状突组成的净角器，缺口的边缘有一列梳状小刺，起清洁触角的作用。

1.1.2.4 螯针

螯针由产卵管特化而成，藏于第七腹节内。

螯针主要由一对正方形板、两对载瓣和三对产卵瓣构成。第一、二产卵瓣互相结合形成螯刺的螯针部分，内含毒液沟，直通基部的毒囊，连通螯刺茎基部的还有螯针的副腺，螯针端部有倒钩，一般为十个。第三产卵瓣伸达螯针末端，内壁凹入包围于螯针两侧，成为螯针的外鞘。

1.1.2.5 口器

工蜂的口器是嚼吸式口器。

工蜂的口器适于吸收液体食物（蜂蜜、花蜜、水分等）和咀嚼固体的蜂粮，分为上部和下部。上部由一对大的上颚和呈方形的上唇组成，具有咀嚼花粉、造巢、咬破巢房盖和自卫防御的作用。下部由下颚须、下唇须、亚颏、颏和中唇舌组成吻，可舐取和吸吮花粉和水等。中唇舌位于颏的前部，末端有一圆形的唇瓣，唇瓣上着生许多分叉细毛，唇瓣内似一吸盘，可左右移动，吸取花蜜。其壁由多数几丁质环与膜环相间排列而成，能变曲、伸缩。吻总长为亚颏、颏、中唇舌的长度之和，是种以下的亚种及生态型常用的形态指数。

1.1.2.6 触角

工蜂的触角由柄节、梗节和鞭节组成，鞭节又由10节组成。触角是工蜂的重要感觉器官。在鞭节顶端的亚节中密布各种感觉器如触毛、钟形感觉器、腔锥感觉器、缸形感觉器，这些感觉器对触觉及气味很敏感。此外，在梗节基部密布的声波感受细胞能感觉出音频及分贝，也可以说声波感受细胞是声觉器。

1.1.3 蜂王

蜂王与工蜂同属雌性个体，由于幼虫第三日龄后饲喂的食物不同而产生分化。产卵蜂王体长比工蜂长40%左右；头部稍呈圆形，单眼排列于前额部；前翅比工蜂长；第七腹节是最后一个可见环节，末端稍尖；第八腹节呈两块深褐色的膜质几丁质片藏于第九腹节内面；长管状的产卵管藏于第七腹节内。蜂王的中唇舌短，但上颚比较发达粗壮，边缘密生锐利的小齿，前部宽，中间小，背面着生长短不一的毛，腹面自中间基端部形成盆状。蜂王上颚腺附着在上颚基部，不断分泌蜂王信息素传递给工蜂。

1.1.4 雄蜂

雄蜂是由未受精卵发育而成。雄蜂头部圆形，颜面稍隆起，一对复眼着生于头部两侧，几乎在头顶上会合。颜面呈三角形，三个单眼挤在前部额上。雄蜂复眼内的小眼数量比工蜂多一倍以上。雄蜂上颚较小；足上无净角器、距、花粉刷、夹钳；前足跗节具闪光短毛；腹部宽大，可见节为七节；腹板形状与工蜂、蜂王不同，第二腹板两角尖突，第三腹板两角尖突细长，中间稍窄；背板宽大，腹部末端为圆形；第九背板表皮的内突，两块大的具毛的骨片呈鳞状，深藏于腹部末端内，其前端宽阔，后端稍窄，为阳茎瓣，阳茎孔开口于两片阳茎瓣的中间。

1.2 生理特性

蜜蜂的生理系统有消化系统、神经系统、血液循环系统和生殖系统等。在此只描述工蜂的消化系统，雄性、雌性生殖系统及各种分泌腺体。

1.2.1 消化系统

工蜂的消化系统有口器、食道、蜜囊（嗉囊）、前肠、中肠、直肠、肛门。

蜜囊是蜜蜂的特殊结构，它不仅用于携带花蜜，还用于储藏食物，内面有许多褶，可以很大程度地胀大。前胃有一个调节器，控制食物进入中肠，其前端有一个栓塞伸入蜜囊中，栓塞的上端有四片粗硬的唇瓣形成“×”形调节口，控制花蜜或蜂蜜保留在蜜囊中，而花粉可以进入中肠。中肠主要进行消化和吸收营养，它的内壁是由厚细胞层形成的大量的横皱褶，不仅大大增大消化的面积，而且可以有膨胀的余地。直肠主要用于排泄废物和吸收水分，越冬时直肠还是一个保存排泄物的仓库，可胀大到占据腹腔的大部分。

直肠与中肠连接处有许多长线状管，其开口进入肠道，称为马氏管。马氏管是排泄器官。马氏管在体腔内延伸距离很长，穿过血液浸泡的各种器官间隔，取走代谢过程中产生的废物，包括含氨物质和盐类，排入直肠内。

1.2.2 雌性生殖系统

蜂王的卵巢，由大量细长的小管（称为卵巢管）组成。

蜂王一般具有110条以上的卵巢管，紧密地聚集在一起形成两个巨大的梨形体。卵巢管汇集为一条侧输卵管，两条侧输卵管合为一条短的总输卵管，总输卵管末端有一个宽大的端囊相接于阴道，阴道在螫针基部体壁下陷处，以中间的生殖孔开口到外面。位于阴道背壁上有一个球状体，称为受精囊。受精囊管与阴道相通，一对管状的受精囊腺开口进入受精囊管的末端。

工蜂的生殖器官与蜂王相似，但仅有几条卵巢管，其他附属器官已退化，正常条件下失去生殖机能。但当蜂群中失王后工蜂卵巢会慢慢发育，有一部分工蜂发育卵巢管成熟并产卵，工蜂产的卵都是未受精卵，只能发育成雄蜂。

1.2.3 雄性生殖系统

雄性生殖系统由睾丸、输精管、贮精囊、黏液腺、射精管和阳茎组成。

精子从睾丸下到输精管进入贮精囊，并暂时贮藏在贮精囊里，交配时，精子随黏液的分泌物一起通过射精管，充满阳茎球，到达阳茎口进入射精尖射出，进入蜂王的阴道内。

1.2.4 分泌腺

1.2.4.1 内分泌腺

前胸腺，位于幼虫前胸和中胸之间，分泌蜕皮激素，控制幼虫的蜕皮。心侧体位于背血管壁上，分泌物与卵的产生有关。咽侧体位于脑下食道壁上，分泌保幼激素，并影响雌雄个体级型的分化。内分泌腺与个体的生长发育密切相关。

1.2.4.2 外分泌腺

外分泌腺有王浆腺、唾液腺、臭腺（又叫纳氏腺）、蜡腺、上颚腺、毒腺等。

（1）王浆腺　位于工蜂头内两侧，为一对葡萄状的腺体，两条中轴导管分别开口于底部的口片侧角上。由于口片属于舌，故王浆腺又称舌下腺。工蜂通过王浆腺分泌王浆饲喂蜂王及小幼虫。

（2）唾液腺　分头腺及胸腺两部分，头腺形状为三角形，胸腺是长形小管。唾液分泌于舌根的下唇腔，与吸入的花蜜和蜂蜜混合；吸食糖时，唾液作为溶解剂。其气味可召唤其他工蜂。

（3）臭腺　位于第七腹节背板的背部内，外面有一个隆起，表面光滑，中间稍凹陷。臭腺产生气味招呼其他工蜂。

（4）蜡腺　位于工蜂的第四至第七腹板；被盖着的前端上，每节有两个大的、光滑的、闪亮的卵圆形区，中间被一条窄的较深色的中带划分开，这个卵圆形区又称蜡镜，蜡镜内部被泌蜡腺覆盖，蜡以液体形态通过蜡镜排出，在蜡镜表面形成小蜡鳞片。

（5）上颚腺　位于上颚基部，是一个皮状的大囊，在蜂王产卵期间，上颚腺内含物丰富，分泌蜂王信息素。

（6）毒腺　位于螫针的基部，分泌酸性物储存在毒囊中。螫刺时与碱腺的分泌物混合形成蜂毒，排出体外。

1.3　个体特性和行为

工蜂、蜂王、雄蜂的特性，都是在群体生活中显示出的个体特性。离开了群体，任何个体的特性都无法显示出来。

1.3.1　工蜂的活动和行为

工蜂是蜂群内数量最多的个体。正常的蜂群体维持10000个以上的工蜂个体。工蜂的行为及生理特性决定群体的各种活动。

1.3.1.1　发育日历及寿命

（1）发育日历　由卵、幼虫、蛹至羽化成虫为发育日历。卵、幼虫、蛹都生活在温度条件稳定的蜂巢中，它们各自发育日历较稳定，而成虫的寿命却不稳定。

北京6～7月份外界气温平均在25℃以上，这时蜂巢内温度维持在34.5～35.5℃之间。据测定：平均卵期3日；幼虫期8日，其中封盖4日；蛹期7日。在这种条件下工蜂由卵到蛹的发育日历比意大利蜂（意蜂）

短约 2 天。但在春天及 8 月之后的天气，或者日平均气温低于 25℃时，蜂群维持群内温度波动常超过 2～3℃，不及意蜂稳定。但按有效温积计算，则接近意蜂，甚至超过意蜂。

(2) 成虫的寿命　通过标记工蜂观察测定：采蜜期约 40～60 天，越冬期可达 120 天。工蜂成虫的寿命与活动强度有关：在采蜜期，工蜂寿命短；在零星蜜源期采集及哺育任务不繁重的季节，工蜂寿命较长。

1.3.1.2　巢内活动和行为

成虫羽化之后，根据其生理发育特点在蜂群中从事不同的活动和行为，有些是有顺序的，如饲喂蜂王，必须在王浆腺发育后才能进行，有些是随意性的，在同一日龄的工蜂可以从事不同的活动，绝大多数活动和行为属于本能，有的行为，如认巢，是通过学习而获得的。

(1) 哺育幼虫、饲喂蜂王　成虫羽化第四日龄后，位于头部前额和两侧的王浆腺开始发育，并分泌王浆。处在这种生理状态的工蜂，主要活动是哺育 1～3 日龄的小幼虫，饲喂产卵蜂王。

哺育幼虫的行为称为探房，即把头部伸入有幼龄幼虫的巢房，尾部翘起，通过透明的巢房可观察到工蜂头部进入巢房后，舌端吐出王浆，置放在幼虫的头前和两侧。幼虫以体躯的蠕动摄食。大约 2 秒钟后工蜂伸出头部，再探第二个幼虫巢房。每个工蜂哺育的幼虫范围是不固定的。当哺育工蜂发现幼虫有充足的王浆时，便立刻缩回头，不再饲喂。这一动作在不到1秒钟内完成。4日龄后的大幼虫，工蜂改用花粉混合唾液及少量的王浆对其进行饲喂。

饲喂产卵蜂王的行为，主要表现是工蜂用吻把王浆送到蜂王的口器内。饲喂是在蜂王休息时进行。

（2）泌蜡及筑巢行为　10～20日龄的工蜂的蜡腺发育最旺盛。当气温在25℃以上时，巢内温度稳定在35℃左右。当外界蜜源较丰富时，工蜂即进行泌蜡造脾。造脾是在晚上进行：泌蜡工蜂首先吸饱蜜汁或蔗糖液，然后在巢脾上部静止不动。造脾时需要较高的巢温，因此泌蜡工蜂上面常附着一些不参加泌蜡活动的工蜂，以提高巢温。

（3）触摸梳理行为　外勤蜂或者青年蜂在巢脾上不断地摆动尾部，而另一个工蜂用前足触放在其胸部，然后又到腹部，好像在寻找物体的这一行为称为梳理行为。这种梳理行为是东方蜜蜂种特有的行为，是一种清除工蜂体表寄生物的活动。梳理行为有时也能在巢门的踏板上进行。

（4）酿蜜活动　酿蜜活动由两部分组成，即一部分工蜂扇风，另一部分工蜂把花蜜从蜜囊中吐出，在上颚与吻之间形成蜜珠，伸屈中唇舌使蜜珠改变大小。扇风引起的流通空气有助于蜜珠的水分蒸发。同时蜜囊里的酶、唾液等把花蜜中的蔗糖转化为果糖和葡萄糖。

工蜂酿蜜的行为是同时分散进行的，参加的工蜂从巢脾中间吸入当天采集的花蜜后，爬到巢边通风处不断地进行酿蜜。当花蜜酿到一定浓度之后，便寻找空巢房进行贮存。贮放在蜜房的蜂蜜经继续酿造后才能成熟，成熟后用蜡封盖。

酿蜜成熟的快慢与巢内通气条件、空气温度有密切关系。因此，在生产季节应密切注意巢内的通风条件。经观察：巢内湿度大时，会影响酿蜜速度。当外界空气湿度长期在80%以上时，巢内常出现假成熟现象，即封盖的蜜含水量依然很高，不久会发酵变酸。

（5）清除尸体　当蜂巢底部出现幼虫、成虫或者其他昆虫的尸体时，巢内日龄较老的成年工蜂会用上颚把尸体拉出巢门，飞到空中抛去。这种清除工作只对尸体进行，不清除活动的物体，如蜡螟幼虫，也不清除落到箱底的碎蜡。由于对活物及碎蜡不能清除，使蜡螟幼虫能生存下来，因而造成对蜂巢的危害。

（6）敏感性　工蜂对周围物体的变化反应，比引进的西方蜜蜂品种强烈，对靠近蜂箱外的移动物体会主动攻击，对声波和光的反应也比西方蜜蜂强烈。

（7）稳定性　工蜂维持群内温湿度的稳定性比西方蜜蜂差；蜂群被检查后恢复正常温湿度的时间比意蜂多一倍以上。

1.3.1.3　巢外活动和行为

（1）试飞活动　4日龄以上的工蜂，开始进行试飞定位活动。试飞都在下午进行，开始时巢内发出嗡嗡声，幼龄的工蜂、雄蜂涌出巢门；众多试飞蜂飞到空中，头朝蜂箱悬空飞行，并发出嗡嗡声，约5～10分钟左右，分散在蜂箱周围飞翔，然后再飞回巢门。幼蜂参加试飞约3～4次，10日龄之后不再参加试飞。试飞是工蜂锻炼翅膀、认识蜂巢方位的必要活动。

（2）守卫行为　幼蜂成为采集蜂之前最后一个行为是守卫巢门。巢门守卫蜂一般是在15～25日龄的青年蜂。守卫蜂站在巢门口正面和两侧，触角向前伸着，中足和后足站着，前足稍提起，上颚闭合。守卫蜂在巢门“巡逻”，对所有进入蜂巢的工蜂和活动物体都用触角“检查”，“检查”一般不到半秒钟。若“检查”到外来物体有异常气味，会立刻释放蜂毒的气味，引导其他守卫蜂同时围上。外来者若反抗，即引起厮斗。

当小型胡蜂侵犯时，守卫蜂数量增加至10～20个，在巢门板边上排列成一行，一起摇摆腹部，然后突然紧缩翅膀发出“刹……刹……”声，以恐吓侵犯者。当大型胡蜂侵犯时，守卫蜂龟缩到巢门内，让来犯者进入巢门。胡蜂进入巢门后，巢门口内附近的青年蜂立刻与胡蜂厮杀，扭成一团，由于在巢内厮杀，胡蜂无法逃脱，众多工蜂会把胡蜂杀死。

经观测发现：西方蜜蜂的意大利蜂、卡尼阿兰蜂，工蜂翅膀振动频率与中蜂的雄蜂相似，因而常使中蜂巢门守卫蜂失去警觉，被窜入巢内盗蜜，最后造成中蜂群被毁灭。

（3）防御性攻击行为　正常生活的蜂群不会主动攻击外来物，但如果在巢门前快速摆手或用棍棒打击守卫蜂，就会引起守卫蜂攻击遭到刺螫。当侵入者离开巢门，距离越远，前去攻击的工蜂就越少。不正常生活的蜂群，如无王群、受病虫害严重危害的蜂群，工蜂常会主动攻击养蜂员或其他外来物。有特殊气味的头发、有酒味或大蒜味的嘴、活动的眼睛容易引起工蜂的攻击。这种对这些刺激物的特殊反应是蜂群在长期与其天敌——熊对抗中适应的结果。

（4）扇风和“招呼”行为　工蜂向巢门内扇风的姿势与“招呼”行为一致，都是头朝巢门。这两种行为的主要区别是：尾部向上的是“招呼”行为，尾部垂下的是扇风行为。

夏季天气炎热，中午和下午常见到工蜂爬出巢门，在巢门板上一起头向巢门，尾部垂下，振翅向巢里扇风，以降低巢内温度，这种行为俗称“扇风”行为。

当把幼蜂抖落在巢门或处女王婚飞时，或分蜂群找到新居后，可以发现一些工蜂头朝巢门，其腹部提高，腹部的背板最后一节弯向下方，第七腹节臭腺张开，快速扇风，这种行为俗称“招呼”行为。这种行为使臭腺分泌物定向挥发到空中，可吸引其他工蜂前来，招引处女王找到蜂巢，分蜂时散落在外面的工蜂找到新居，幼蜂找到巢门等。“招呼”行为不受工蜂的日龄限制，除幼蜂外都能施行此行为。“招呼”行为都是以一组工蜂排列在一起共同操作的，通常是20～30个体有序排列。

（5）采集花粉　工蜂利用胸、腹部的绒毛黏附花粒，然后用后足的花粉刷把花粉收集到花粉篮中，在花粉篮内花粉由小团变成大团。这种行为大部分是在空中飞翔时进行并完成的，采集花粉的时间主要在上午10点之前。采集蜂把花粉带回巢内并直接找到花粉房，用中足把花粉篮中的花粉脱下。脱下的花粉粒再由巢内的幼蜂用头压紧，分泌唾液封好。于7月底玉米花期测量110只工蜂携带花粉团的重量平均为14.5毫克，同时测定的意蜂携带花粉团的重量平均为17.5毫克，中蜂为意蜂的83%。

（6）采集花蜜　工蜂采集花蜜的飞翔距离范围，多数个体是在1千米范围内，比意大利蜂缩短1半左右。

在大流蜜期，中蜂群贮蜜速度往往不及意大利蜂。其原因是工蜂采集花蜜的专一性较差。但大流蜜期过去后，自然界只有零星蜜源时，中蜂群的贮蜜量远远超过一起饲养的意大利蜂群。这反映出中蜂采集零星蜜源的能力超过意蜂。采集蜂除了正面用舌在花托上吸花蜜外，还能够把筒状花的基部咬开，舌从侧面伸进去吸取花蜜。但对花冠深的豆目植物如刺槐（*Robinia pseudoacacia* L.）、紫花苜蓿（*Medicago sativa* L.）。由于花冠筒长，工蜂吻短，难以吸到花蜜。

经测定，北京荆条花期，中蜂平均每次带回12.6

毫克花蜜，意蜂 17.8 毫克，中蜂为意蜂的 71%。

工蜂飞回蜂巢后，把花蜜吐在子圈内的空房中后又立刻飞出去采集。据观察，中蜂工蜂的每日采集活动时长超过意大利蜂 2～3 小时。每只工蜂采集飞翔的次数也比意大利蜂多。

（7）采集水和无机盐　在春季缺雨季节或者炎热的天气时，一些工蜂到水沟边或井边采水而获得水分，这是蜂群必需的活动。也有报道认为：蜂群内的成员可以从花蜜中得到水分，采水主要是为了降温和调配饲料喂给幼虫。因此，早春供水特别重要。严重缺水的地方，工蜂会咬开封盖蛹，吃掉房中的幼虫。

缺乏无机盐时，一些工蜂会到厕所，或者到养蜂员身体上舐吸无机盐。若出现这种行为，应及时饲喂低盐水。

1.3.2　蜂王的活动和行为

羽化后的蜂王称为处女王。处女王的第一个行为是爬到未封盖的蜜房去吸取稀蜜汁，大约停息 4～6 小时之后，便开始寻找封盖的王台；发现王台并用上颚从侧面咬开后，便离开去寻找其他封盖王台。杀死王台内的蛹由工蜂去完成，工蜂把已咬破的王台小孔扩大成破洞，直到把其中的活蛹拉出为止。

两个同时羽化的处女王在巢脾相遇时，一定会发生厮斗。厮斗时互相用足抓住对方的躯体，收缩尾部伸出螯针，寻找对方的腹部间膜刺入。被螯针刺入的处女王立刻失去战斗力而死亡，而胜利者徐缓地爬到蜜房中吸取蜜汁。在两个处女王厮斗时，工蜂是不介入的，待一方死亡后，才会拉起其尸体飞出巢外。

羽化后的第四天，处女王便开始试飞，第五天以后便飞向空中交配。婚飞活动在下午2～4时进行，婚区就在蜂场附近15～25米的空中。处女王婚飞时，可以看见有大约10～20只雄蜂在后面追逐。其中飞得最快的雄蜂与处女王接触，抱握在一起落在地上。处女王交配和婚飞活动是可以观察到的：把一只6日龄以上的处女王用1～2米长的黑丝线一头缠在并胸腹节，另一头缠在气球下部的拉线上，当气球飞到20米的空中，随着气球的飘移和处女王的飞翔，后面便出现一丛追逐的雄蜂。交尾后雄蜂的生殖器官脱离并留在处女王的尾部。处女王回巢时带回白色的雄蜂生殖器官便说明已交配。在观察中发现，处女王交配后能再进行第二次婚飞，与其他雄蜂交配。

蜂王产卵后，不再单独飞出蜂巢。蜂王的产卵动作包括：探房、转身头向下（地心引力方向）、收腹伸入巢房、头向上（垂直巢脾的方向）、产卵、提出腹部等。整套动作需20～25秒钟。蜂王产卵后，休息15～20分钟，同时接受工蜂饲喂。

蜂王每日的产卵量受外界蜜源条件、气候、工蜂数量、巢内空房数、群内状况等多种因素影响。最佳产卵量平均每天900～1000粒，最佳产卵期是1年。

1.3.3 雄蜂的活动和行为

雄蜂出房后4～5日龄开始试飞，8日龄后出巢飞翔。10日龄后性器官成熟，最佳交配日龄是10～25日龄。雄蜂的交配活动都在下午进行。在同一下午可飞出3～4次，每次4～5分钟，返回巢后到蜜房吸蜜。在同一个蜂场中，雄蜂可以飞入任何一个蜂群而不受攻击。雄蜂的寿命可达6～7个月，在南方秋季的雄蜂能保留到次年早春进行交配使用。在长江以南地区，雄蜂的出巢活动可延续到18:00以后；但在北京，由于温差比较大，雄蜂到17:00便停止出巢活动。雄蜂出巢后，飞翔在蜂场附近15～25米的空中寻找蜂王交配。在长江以北地区，秋末工蜂把雄蜂围困在蜂箱或巢脾一角，停止饲喂使其死亡。

1.4 群体的活动和行为

中蜂群体称蜂群（图1-2），由一个产卵蜂王、几千只至二万只工蜂和几十只至一百多只雄蜂组成，营造双层六角形巢房为生存场所。蜂群为每个个体提供生存的物质条件，繁育幼虫，培育新蜂王，繁殖新的群体，抵抗敌害及不良的环境条件。因此，蜂群是一种有生命

图 1-2 在木箱里的蜂群

力的社会性群体，个体离开群体都无法长期生存。群体内具有各种信息传递以协调个体间的各种活动和维持群体内稳定的激素和温、湿度状态。

1.4.1 信息传递

1.4.1.1 蜂王信息素

蜂王信息素是蜂群中最重要的化学信息素，是从产卵蜂王的上颚基部的上颚腺中分泌的一种组合化学物质，通过口器释放到蜂王的体外。研究中蜂蜂王上颚腺活动状态及分泌物的组分后发现，只有正在产卵的蜂王其上颚腺才能够分泌大量信息素物质，处女王、停卵蜂王、幽闭一天以上的产卵蜂王上颚腺的分泌物都很少。蜂王上颚腺分泌物含有 4 种组分，即反式 9-氧代-2-癸烯酸（9-ODA)、9-羟基-2-癸烯酸（9-HDA)、对羟基苯甲酸甲酯（HOB）及1,3-甲氧基-6-羟基的酚类物质。前三种与意大利蜂蜂王信息素的组分一致，后一种是中华蜜蜂特有的组分。蜂王信息素不单使工蜂获得蜂王存在的信息，而且抑制工蜂的卵巢管发育，维持蜂群的正常工作秩序。当蜂王在巢脾上爬动时，侍从蜂用触角接触蜂王体躯获得信息素。

若把蜂王从蜂群内提出3小时后，由于接触不到蜂王信息素，蜂群便开始骚乱，一些工蜂飞出巢门在蜂箱附近寻找蜂王。这时若养蜂员走近蜂箱，工蜂便在养蜂员身上寻找。若把蜂王放回，蜂群内工蜂立刻兴奋起来，恢复正常工作。

1.4.1.2 “招呼”信息素

“招呼”信息素又称引导信息素，是从工蜂第7腹节背板基部的纳氏腺分泌的。其组分十分复杂，已分离出来的为萜烯衍生物的10多种组分。“招呼”信息素具有各个蜂群的特殊信息。工蜂散发出的“招呼”信息素一般只对本群的工蜂及处女王起“招呼”作用。只有当中蜂群集体飞逃时，由于各群都混在一起，各群工蜂“招呼”信息素的特殊作用才会减弱。

1.4.1.3 触角传递

在蜂王需要从工蜂中得到王浆时，即可发现饲喂者与蜂王的触角交接。当蜂王的触角停止交接活动时，工蜂立即停止饲喂。在工蜂间需要进行食物交流时，也是用触角接触来传递信息的。由此可以充分证明，触角的交接是传递“需要食物”的信息的方式。另外触角交接也是识别群体的重要方式，各群守卫蜂通过触角去识别进巢的工蜂。

1.4.1.4 声频传递

工蜂个体在不同场合下可发出不同频率（Hz）的声波，如胡蜂侵扰蜂群时，巢门前排列的工蜂同时发出“刹……刹……”的波动声；在正常生活的群内可听到较低频率和分贝的稳缓的声音。当蜂群长期失王后，群内发出的是沙哑的声音。因此，声频是群体生活中一种信息传递方式。工蜂能发出不同频率和强度的声波来传递信息。

1.4.1.5 蜂舞传递

当工蜂在野外找到花源时，在巢脾上跳“8”字形的摆尾舞及圆形舞。摆尾舞的直线方向指示蜜源的方向。这个方向以太阳位置来确定，顺太阳方向即头向上活动，反太阳方向即头向下活动。前进直线与太阳的角度指示花蜜的方位，摆尾的快慢表示距离，快即远距离，慢即距离较近。

采集工蜂回巢后跳摆尾舞，同时把花香传递给巢内其他工蜂。圆形舞很少出现，只有糖水盘放在离蜂箱20米之内时才出现圆形舞。跟随圆形舞飞出的工蜂，没有固定方向，只根据食物的气味找到糖水盘。每只舞蹈蜂带出7～8只工蜂，但这些工蜂采集回来后，并不是都跳摆尾舞，有的用带回的糖水喂其他工蜂以传递信息，使其跟随而飞去。

1.4.1.6 食物传递

个体间的食物是互相传递的，一个蜂群内任何一个饥饿的个体都可以从其他工蜂中得到食物。饥饿者敲打对方的触角并伸出吻，伸向蜜囊内有贮蜜的工蜂，这时被乞求者稍微张开上颚，吐出蜜珠供其吮吸。用200克亚甲基蓝（methylene blue）糖汁在傍晚饲喂蜂群，第二天早上就会发现蜂群几乎全体成员的腹部都变成了蓝色。蜂群内这种食物传递的方式，为治疗病害提供了方便，只需把药物加在饲料中，少数个体食后便可迅速传递到全体成员，从而都得到治疗的药物。

当食物缺乏时，最先死亡的是老龄和幼龄蜂，然后是壮龄蜂，最后留存王浆腺发达的青年蜂和蜂王，青年蜂都死亡后蜂王才死去。

1.4.2 温、湿度调节

蜂群繁殖幼虫时，巢中心的温度始终维持在33～34℃。气温低时，巢内工蜂密度增加，靠拥挤来维持巢温。蜂群内没有幼虫、停止哺育活动时，巢中心只需要保持在13℃以上就可以维持基本的生命活动。

当气温低于0℃时，几乎全部工蜂都立刻产生反应，紧缩在巢脾中，外观上好像一个球体，称为“冬团”。冬团之间是蜡质的巢脾，个体间不能交流。在越冬过程中，工蜂会把巢脾咬成通洞，以便交流，即工蜂的“咬脾”习性。

气温升到30℃以上时，每个蜂群的巢门口都出现一批头向巢门内迅速扇动翅膀的扇风的工蜂，把风由外向内吹入，以降低巢内温度。随着温度的升高，扇风个体逐渐增多。温度再高时，工蜂便爬出巢门结团，这种结团被称为“胡子”。

1.4.2.1 温度

(1) 夏季　外界最高气温在30.0℃以上，昼夜温差16℃左右时，测定北京的中蜂选育场蜂群内子脾间温度变化状况结果如表1-1所示。

表1-1　夏季蜂群内子脾间温度的变化

蜂种	群号（No.）	群势（框）	不同时间点的温度/℃			差值/℃
			6:00	13:00	21:00	
中华蜜蜂	1	8	32.5	35.5	34.0	3.0
	2	7	32.5	35.5	34.0	3.0
意大利蜂	3	9	34.0	35.5	34.5	1.5
	4	6	34.0	35.0	34.0	1.0
环境温度			16.0	32.1	25.0	16.1
环境湿度			90%	50%	80%	40%

表1-1显示夏季外界日夜温差16℃范围时，中华蜜蜂群体内温度具有3℃波动，比意大利蜂高一倍以上。

(2) 秋季　外界最高气温在25.0℃以下时，蜂群处于越冬前的繁殖期，由于外界干燥，蜜粉源植物减少，蜂群繁殖受到一定影响。9 月份测定中蜂选育场蜂群内子脾间温度变化状况结果如表 1-2 所示。

表 1-2 秋季蜂群内子脾间温度的变化

蜂种	测量群数	不同时间点的温度/℃			差值/℃
		7:00	13:00	20:00	
中华蜜蜂	4	32.0	33.0	31.0	2.0
意大利蜂	4	33.8	34.5	33.0	1.5
环境温度		13.5	23.5	13.0	10.5
环境湿度		96%	49%	96%	47%

表 1-2 显示，秋季中华蜜蜂群体内温度低于正常值 35℃，最高只有 33℃，日夜温差 2℃。而意大利蜂群体内温度接近正常值，日夜温差只有 1.5℃。

根据夏、秋两次测定结果，气温较低的条件下，中华蜜蜂群体内温度低于意大利蜂 1.0℃以上。

（3）冬季　测量期间外界气温在 −7.0～2.0℃之间，越冬蜂团的温度测定结果如表 1-3 所示。

表 1-3 中华蜜蜂越冬团内温度

群号	群势数（框）	部位	不同时间点的温度/℃				差值/℃
			10:00	12:00	14:00	16:00	
1	4	中心	26.7	24.5	28.0	26.0	3.5
		边缘	14.0	14.0	15.0	14.0	1.0
2	4	中心	25.5	24.5	27.0	25.0	2.5
		边缘	13.0	14.0	14.5	13.5	1.5
3	5	中心	26.5	26.5	28.0	27.5	1.5
		边缘	15.0	14.0	14.0	15.1	1.1

续表

群号	群势数（框）	部位	不同时间点的温度/℃				差值/℃
			10:00	12:00	14:00	16:00	
4	4	中心 边缘	27.0 14.0	28.0 14.5	25.5 15.0	26.5 14.5	2.5 1.0
环境温度			−2.0	1.0	1.5	−1.0	3.5
环境湿度			70%	50%	78%	72%	28%

由表1-3可见：中华蜜蜂越冬团中心的温度波动范围为24.0～28.0℃，边缘（越冬团外壳）温度波动范围为13.0～15.0℃。这种波动受外界气温影响很小。这一结果与意大利蜂群（越冬团中心温度为25.0～29.0℃）的差别不大。因此可以认为北方的中华蜜蜂越冬性能与意大利蜂相似，具有良好的稳定性。

1.4.2.2 相对湿度

通过采用数字电子温湿度计测量蜂群内子脾间及边缘的湿度，发现正常蜂群箱内湿度都高于外界环境，也高于同一环境中的意大利蜂群。

1.4.3 分蜂过程的活动和行为

1.4.3.1 群内的行为

分蜂是蜂群的繁殖活动。长江以南地区每年春、秋两次分蜂，而长江以北地区蜂群一年只发生一次分蜂。分蜂前，蜂王和工蜂在生理和行为上都发生变化。已观察到的变化有以下几点：

（1）工蜂阻碍蜂王产卵　工蜂侍从蜂王行为减少，有些工蜂追逐蜂王，把蜂王追逐到产卵圈之外，使蜂王难以产卵，因而常把卵产在巢脾上，或挂在尾部，蜂王产卵量一般下降50%以上。

（2）青年工蜂怠工　许多青年工蜂吸饱蜜汁后停留在巢脾上沿。若捉取这类工蜂，用解剖镜检查，能发现卵巢管具不同程度的发育。由于青年工蜂怠工，蜂群采集活动减少。

（3）工蜂建造王台　在幼虫巢脾下部，工蜂建造5～10个王台。

（4）蜂王腹部缩小　蜂王在王台上产卵后，几乎停止产卵，而且腹部收缩，行动变得敏捷。

1.4.3.2　分蜂行为

（1）飞出蜂箱　当王台封盖1～2天之后，在上午10～12时发生分蜂行为。发生分蜂时，开始只有少数工蜂在巢门发出嗡嗡声，并向内发散出蜂臭（“招呼”信息素），几分钟后，突然一大批工蜂蜂拥而出，蜂王夹在中间一起爬出巢立刻飞向空中。

（2）附近结团　分出群先在蜂场附近的树杈上结团。结团有两种方法：一种是一部分工蜂先停留在结团地点，发出蜂臭“招呼”其他工蜂和蜂王；另一种是蜂王飞落在树杈上，工蜂发现后发出蜂臭“招呼”其他工蜂。通常以第一种方法为多。

蜂团形成后，蜂王爬出分蜂团表面后才进入团内，然后分蜂团停息1～2小时，这时蜂团静止不动，也没有嗡嗡声，蜂团表面出现工蜂舞蹈，圆形舞、摆尾舞都有。

(3) 重新起飞　蜂团重新起飞迁入新居。分出群的群数约有原群的50%左右。迁到新居后，分出蜂的工蜂立刻失去对原群方位的记忆。若把分出群置放在同一蜂场内，工蜂也不会飞回原群，而是在新居造脾繁殖。

1.4.4 迁栖活动和行为

迁栖俗称为“逃亡”，就是蜂群抛弃旧巢，迁移到新址，重新筑巢的群体行为。

1.4.4.1 单群迁栖

当蜂群的栖息场所受到各种不利因素（如烟、震动、敌害）的刺激，或者周围的蜜粉源条件十分缺乏时，在蜂群内部便会产生一种反应，这种反应称为迁栖“情绪”。蜂群产生迁栖“情绪”后，行为表现如下：工蜂出勤减少，哺育幼虫次数减少，工蜂叼食2日龄以上的幼虫，造成巢内无子。蜂王依然产卵，但接受到的饲料减少，产卵量减少。工蜂没有像正常活动那样饲喂蜂王。有一些工蜂（包括采集蜂）吸饱蜜汁后，停留在巢脾上部一动不动。

当群内已没有幼虫及蛹很少时，蜂群便准备迁栖。迁栖一般在上午发生。迁栖时蜂群倾巢蜂拥而出，直飞空中。多数迁栖蜂群不在蜂场停留，直飞远处的新址。也有的蜂群在蜂场周围的树杈上短时间停留后再飞走。蜂群迁栖之后，旧蜂巢的巢脾上几乎没有蜜，也没有幼虫和残留的幼蜂。

1.4.4.2 集体飞逃

当蜂场中有一群蜂发生迁栖时，常引起其他蜂群一起飞逃，各群的工蜂集合在一起，在蜂场附近的树杈上结成大型蜂团。所有飞逃的蜂群的蜂王都聚集在蜂团中。由于各群的气味不同，在这种大蜂团中常发生围王现象，结果使多数蜂王死亡。这种飞逃现象会造成蜂场的严重损失。

转场到新场地之后，由于工蜂对新环境不熟悉，开巢门后会产生迷巢现象而引起相互格杀及集体逃亡。如1979年12月初福建省南靖县南坑乡大岭大队蜂场四十多群蜂，运到船场乡十八家村，采八叶五加冬蜜，各蜂箱的巢门朝向一致，中午开巢门，其中有一群试飞，“嗡嗡”声大作，结果吸引全场外勤蜂涌入这群蜂并集体飞逃，使工蜂间互相厮杀，造成严重损失。

迁栖行为是蜂群对内外不利因素的一种群体反应，是一种反抗不良条件的生存方式，与自然分蜂不同，自然分蜂是蜂群在适宜条件下正常的繁殖行为。

1.4.5 抗逆特性

1.4.5.1 抗螨性

雅氏瓦螨（*Varroa jacobsoni Oubemenus*）又叫大蜂螨，亮热厉螨（*Tropilaelaps clareae Oelfinadeet Baker*）又叫小蜂螨，这两种蜂螨是当前养蜂业中对西方蜜蜂种，特别是对意大利蜂危害严重的蜂螨。若蜂螨寄生在封盖内会使蛹发育不良而无法形成健康的成蜂。

中华蜜蜂是蜂螨的原始寄主，经长期互相抗争，蜂螨已对中华蜜蜂没有明显危害，工蜂的蛹不受其危害。只有少数若螨寄生在雄蜂的封盖幼虫及蛹中（占雄蜂房10%以下）对蜂群不造成危害。

中蜂对抗蜂螨的行为如下：

当工蜂被蜂螨寄生后会立刻发出信息，会有1～2只工蜂迅速前来梳理，寻找蜂螨。当蜂螨在胸背板或腹部前三节背板爬动时，清理的工蜂容易发现并叼起蜂螨飞出巢门。当蜂螨爬到并胸腹节或腹板等较隐蔽部分不易被清除时，被寄生工蜂一直不能安宁，引起更多工蜂前来梳理，直到把蜂螨清除，被寄生工蜂才恢复安静。

1.4.5.2 抗美洲幼虫腐臭病

美洲幼虫腐臭病是西方蜜蜂种的顽固传染性幼虫病害，蜂群得病后，幼虫至3～4日龄腐臭而死亡。该病病原是幼虫芽孢杆菌，这种菌耐药性很强，一般很难根治，是严重危害西方蜜蜂种的病害。中华蜜蜂幼虫不感染此病，如果将已得美洲幼虫腐臭病的意蜂子脾插入中蜂群内，中蜂工蜂会清理其中的病幼虫，而不传染本群幼虫。中蜂抗美洲幼虫腐臭病的原因是幼虫体内的淋巴蛋白酶不同于西方蜜蜂种，具有抗美洲幼虫腐臭病基因。

1.4.5.3 抗寒性

气温低于 14℃时八叶五加花期中蜂群出勤蜂数大大高于意大利蜂群。中蜂群安全采集气温为 6.5℃。在黑龙江省大兴安岭林区野外的中蜂群，冬季气温低于－30℃时可在树洞中安全过冬，春季平均气温只有 1～2℃时群内蜂王便开始产卵繁殖后代，比意大利蜂群提早半个多月。对北京中蜂的越冬蜂团进行测定发现，中蜂冬团内温度十分稳定，因此中华蜜蜂是一个抗寒性强的蜂种。这提示它是起源于温带地区的物种，然后再向亚热带、热带地区扩散。

1.4.6 无王群的活动和行为

蜂群失去蜂王 48 小时后，工蜂把巢脾下部的工蜂小幼虫房扩大成王台，即改造王台。一般出现 10～15 个改造王台。改造王台培育的处女王体格小，交尾后产卵能力差。这种蜂王经几个月产卵后，群内会出现更替王台。更替王台培育体格健壮的处女王。交尾成功后，新蜂王与老蜂王并存一段时期，以后老蜂王死亡。如果无王群的处女王交尾时又丢失，群内已没有幼虫了，便无法再建造王台。这时群内工蜂体色开始变成亮黑色，容易激动，飞行时发出嘶哑声，主动攻击靠近蜂群的人和畜。2～3 天后开始出现工蜂产的卵，产卵工蜂从外形上很难与其他工蜂区别，行为上除产卵外，还参加巢内、外的一切活动。工蜂产的卵较分散，在同一巢房内可产数粒卵，而且这些都是未受精卵，只能孵化成体格小的雄蜂。

已出现工蜂产卵的蜂群，不接受外来的王台。产卵工蜂发现王台后会像处女王一样把王台咬破。但能够接受刚出房的处女王。处女王交尾成功开始产卵后，蜂群可以逐渐恢复正常活动。超过 20 天以上的工蜂产卵蜂群对诱入的处女王也难以接受。

第2章 基本饲养技术

2.1 固定巢脾的饲养技术

2.1.1 蜂桶饲养

2.1.1.1 工具

春秋时代就开始使用木桶和泥涂的篓、筐，采用固定巢脾的饲养方式。当时巢脾是自然建造的，没有巢框，一边固定在桶壁上，无法观察巢脾上幼虫和蛹的状况。至今还有许多地方保留着这种传统饲养方法。

蜂桶有立式（图 2-1）、卧式等。

2.1.1.2 饲养技术

（1）早春　春季工蜂外出排泄飞翔后，清除桶内多余空脾，以及桶底蜡屑和蜂尸。如果缺蜜，即用碗盛糖水放在桶底的石板上进行饲喂。

（2）春季分蜂　及时收捕分出群并在蜂场另立一桶

图 2-1　立式蜂桶饲养

饲养。清除原群中不好的王台，留 1～2 个好王台。处女王出房后，在桶顶压一块有颜色的布，供处女王认巢。

（3）流蜜期结束后　流蜜期结束，立刻取出巢内大部分封盖蜜脾，压榨取蜜；缩小巢门，防止盗蜂。

（4）秋末　饲喂越冬饲料，用泥浆涂抹于桶外以利保温。

（5）越冬　越冬时用薄棉被将蜂桶包裹，减少蜂群对饲料的消耗；缩小巢门，防止鼠类窜入危害蜂群。

2.1.1.3　多层方框饲养法

多层方框饲养是固定巢脾饲养的最科学的方法：以方形底框为基桶，随着蜂群的发展不断添加相同规格但较浅的方框，如图 2-2 所示。此饲养技术始于明朝，流行于湖南、江西。现在有的养蜂户改进上层的方框用来生产巢蜜。

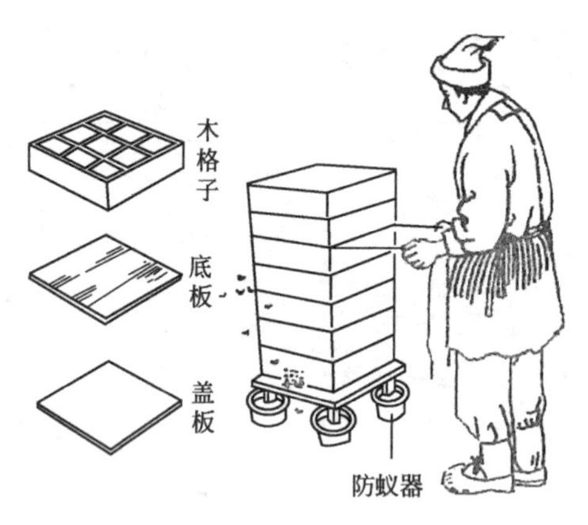

图 2-2　方框蜂桶

使用木桶、竹篓饲养，虽然为蜂群提供了生活场所，使其能繁衍生存，但无法了解蜂群的生活状况，控制其繁殖、生产和病虫害防治等。这种方法饲养的蜂群，还不是真正的家养动物，而是属于半野生状态的动物。由于只能采用压榨取蜜而且产量少、质量差，无法生产纯净蜂蜜和其他优质产品，直到发明了活框蜂箱饲养后，人们才能完全控制蜂群和生产优质蜂产品，使其成为家养动物的一种。

2.1.2　过箱技术

把饲养在木桶、竹篓、土窝、谷仓等固定蜂巢的蜂群，改为活框蜂箱饲养，此操作技术称过箱技术。

2.1.2.1　过箱条件的准备

(1) 时间的选择　过箱应选择在外界蜜粉源植物丰

富的季节，气温在20℃以上的晴暖天气中进行。

（2）群势要求　群势一般应在5框（1千克蜂量）以上，群内应具有子脾。过弱的蜂群，其保温和存活能力差，过箱不易成功。

（3）蜂群位置的调整　准备过箱的蜂群，如高挂在房檐或放在其他不适当的地方，需逐日把蜂桶慢慢移至便于操作的位置。

（4）必备的工具　无强烈木材气味的中蜂十框标准蜂箱，穿好铅线的巢框，收蜂笼，稍小于巢框内围尺寸的平木板，面盆，毛巾，面网，蜂刷，割蜜刀，钳子，钉锤，剪刀，小钉，喷烟器，细麻绳，割脾用的工作台等。

2.1.2.2　操作程序

过箱操作（图2-3）宜三人协作进行。由于蜂桶形式不同，在过箱方法上略有差异，但操作程序基本一致。

（1）驱蜂离脾　先将蜂桶外围清理干净，轻轻启开固封物。对直立式蜂桶，即把蜂桶顺巢脾平行方位翻转，使底面开口向上，四周最好用布等堵严，用木棒轻击桶壁或喷淡烟驱赶，促使蜜蜂离脾上爬，逐渐集结在收蜂笼里。待蜂在收蜂笼中结团后，将收蜂笼提起，悬挂（或垫高）在蜂箱上方（事先把蜂箱放在蜂桶的原位置），然后割脾。

对横卧式蜂桶，如能打开一端，也可用上述方法进

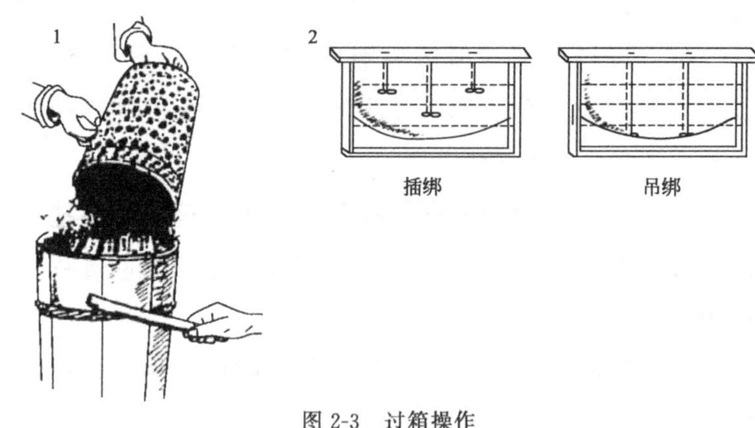

图 2-3　过箱操作

1—驱蜂离脾；2—绑脾

行。如两端无法打开，可取去捆绑物，轻轻启开中缝，看清巢脾位置后闭合，抬高空虚的一端或翻转，用木棍敲打有巢脾的一边或喷烟，驱赶蜜蜂至空处结团，然后打开蜂桶割脾。

对土窑或墙洞中的蜂群，可先轻启前挡板，查看是否与相邻土窑有小孔相通，如果有小孔，仍放好挡板，从巢门口向内喷烟，驱赶蜜蜂到相邻土窑中结团，再打开挡板割脾。如系单一土窑，可设法将蜜蜂驱到空处结团后割脾。

(2) 割脾、绑脾　割脾时用刀面紧贴巢脾基部下刀，用手托脾取出，扫去剩余工蜂，置于平板以供装框、绑脾。装框时首先把巢脾基部切平，紧贴上梁内侧，再用小刀紧贴铅线轻划，深及巢脾单面房底后，将巢框上梁向下竖起，用细麻绳等采取插或吊的方法将巢脾绑牢在巢框上。绑好的脾随即放入箱内，以免冻伤幼虫或引起盗蜂。在蜂箱内，将大子脾放于中央，较小的子脾依次摆放在两侧，形成类似自然蜂巢中的半球形。巢脾间保持7～10毫米的蜂路。

(3) 抖蜂入箱　巢脾全部绑完后放入蜂箱内，加外隔板，缩小或关上巢门，即可将收蜂具内的蜂团抖入蜂箱。不能把蜂团抖在巢门口让蜂爬入箱内，这种方法容易损失蜂王。

(4) 打开巢门　抖蜂入箱后立即盖上箱盖，待箱内声音较小后再开巢门，使分散在蜂箱外的工蜂自行爬入。巢门开向应与原巢一致。若原群是在土窑或墙洞内，过箱后可将蜂箱放在靠近原巢门处。过箱操作完成后清扫场地，用清水冲洗地面和蜂箱上的蜜汁，以防止发生盗蜂。

2.1.2.3 过箱后的管理

过箱后1～2小时，从箱外观察蜂群情况，若巢内声音均匀，出巢蜂带有零星蜡屑，表明工蜂已经护脾，不必开箱检查。若巢内“嗡嗡”声较大或没有声音，即工蜂未护脾，应开箱查看。如果箱内蜜蜂在副盖上结团，可将巢脾移近蜂团让蜂上脾。次日从箱外观察，如有采集蜂带有花粉回巢，即表明蜂群情况正常。如果工蜂出巢少应开箱快速检查，查看工蜂是否上脾、蜂王是否存在、巢脾是否被修复、有无坠脾或脾面被损坏等情况。若出现以上情况应及时处理。

过箱后四五天，再进行一次整理，除去已修补好的巢脾上的捆绑物，重新接正下坠或歪斜的巢脾，清除箱底的蜡屑等污物，抽出多余的巢脾，使箱内蜂多于脾。刚过箱的蜂群，还不适应蜂箱内的条件，需在傍晚进行饲喂，缩小巢门，防止盗蜂。若外界蜜源条件好，10 天以后即可加巢础造脾，逐渐更替旧巢脾。

2.1.3 收捕野生蜂群技术

对栖息在自然界中的野生蜂群可以诱捕和直接猎取。

2.1.3.1 诱捕

诱捕是用空箱涂一层蜡，放在朝南阴凉处。春季，野生蜂群的分出群飞来找营巢场所时，由于蜡味引诱，使其入箱筑巢被收捕。

2.1.3.2 直接猎取

直接猎取栖息在岩洞、枯树洞中的蜂群。先驱蜂离巢并收起，后割脾，绑脾到巢框内，装内蜂箱，傍晚抖蜂入箱。如果在蜂场附近的山林中收捕，将蜂箱放在野生蜂巢附近。把栖息处的岩洞或树洞口堵塞，使工蜂熟悉蜂箱新巢。一周后将蜂箱搬到蜂场，再进行加础造脾，逐步换去原旧脾。

野生蜂群野性大，收捕后人工饲养的经济效益不如长期经人工驯化的蜂群，而且易飞逃。因此，已进行人工饲养的蜂场，不宜再从野外补充蜂源。

保留一定数量的野生蜂群在附近山林中也有利于蜂场周围自然生态环境的保护。

2.2 活框基本饲养技术

2.2.1 蜂具

主要的蜂具是提供蜂群栖息的场所——蜂箱，生产蜂蜜的摇蜜机，生产蜂蜡的榨蜡器等。另外还有一些操作工具，如面网、起刮刀、收蜂笼、埋线器等。

据记载：早在春秋时代人们就用蜂桶饲养中蜂，到后来发明多层蜂桶，但都是固定巢脾的方式。人们无法了解蜂群内部的变化，无法做到取蜜不毁巢和多次取蜜。在十八世纪意大利人发明了活动巢框、巢础后才出现使养蜂业现代化的活框蜂箱及其饲养技术。

我国直至二十世纪初引进意大利蜂时才了解活框饲养的蜂箱，随后立刻用其饲养中华蜜蜂。由于中蜂群势较小，南北各地都有差异，因此，出现了各种规格的中蜂蜂箱。在二十世纪八十年代，通过统一对比试验，我国第一次制定了中蜂标准蜂箱的规格。

2.2.1.1 蜂箱

（1）标准十框蜂箱　从黑龙江到海南岛，从东海之滨到西藏高原，都能饲养中华蜜蜂。在这不同生态地理条件下栖息的蜂群，都要统一在一种标准蜂箱内饲养，确有相当大的困难。在设计标准蜂箱时只能以适合主要生物学习性和便利于生产操作、饲养管理去考虑。长期的饲养实践和最近5年的对比试验以及对自然巢的观测结果，为设计蜂箱提供了以下依据：

① 巢框内径高220毫米，宽度波动范围为385～405毫米。

② 竖立式的空间较适合中蜂的习性。

③ 宽大于高长方形的巢框比较便利于操作。

除此之外，还考虑到尺寸容易掌握，便于统一制作，因此把中蜂标准巢框内框尺寸确定为：高220毫米，宽400毫米。这种设计单纯是从数字整齐、容易记忆角度考虑，依据这种数值计算出巢框的总面积为880平方厘米，与郎氏巢框相近。但中蜂在巢框内造脾，下端都不接连底条，留有大约1厘米的空隙，因此，实际使用面积为840平方厘米，比郎氏巢框面积小。标准巢框高与宽比值为1.81，便于操作（图2-4）。

考虑到中蜂向上的习性，因此把标准蜂箱设计为十框加浅继箱的蜂箱，这样早春时可以双王繁殖，流蜜期单王加浅继箱取蜜或制作巢蜜。

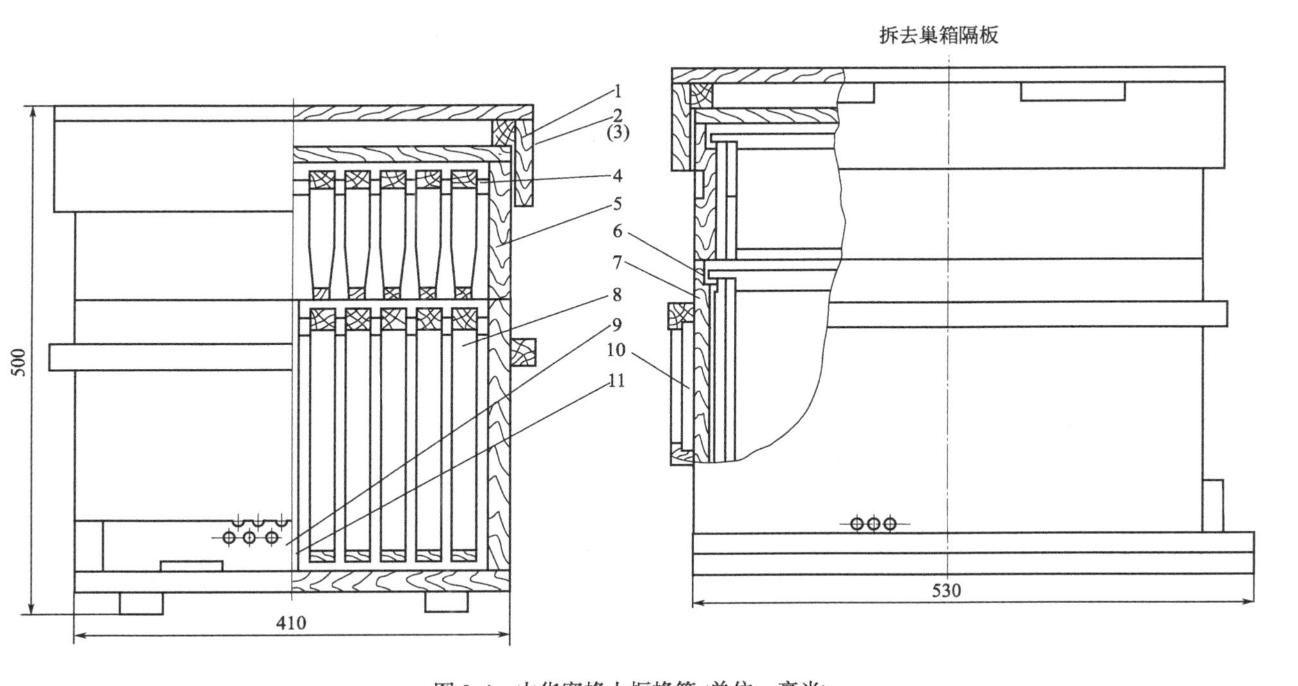

图 2-4　中华蜜蜂十框蜂箱 (单位：毫米)

1—箱盖；2—副盖；3—纱盖；4—浅继箱巢框；5—浅继箱；6—铁压条；7—巢箱；8—巢箱巢框；9—巢门板；10—纱窗拉门；11—巢箱隔板

（2）中一式蜂箱（图 2-5） 为 14 框卧式蜂箱，巢框内径 385 毫米×220 毫米，上梁宽 20 毫来，厚 24 毫米，适合于长江以北山区使用。

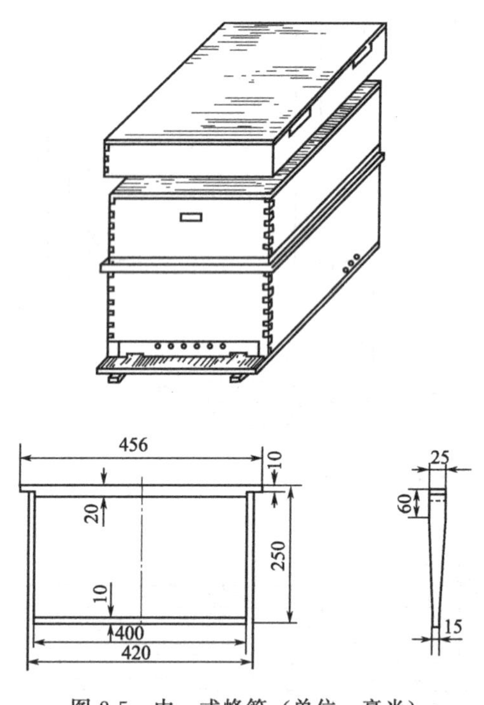

图 2-5 中一式蜂箱（单位：毫米）

（3）GN 式蜂箱（图 2-6） 有的蜂场试用的一种小型蜂箱（称 GN 式蜂箱），其巢箱的巢框内框尺寸为 290 毫米×133 毫米，由巢箱和 1 个以上继箱组成，巢箱与继箱用连接套相连。

2.2.1.2 摇蜜机

摇蜜机（又称分蜜机）是活框饲养的主要生产工具

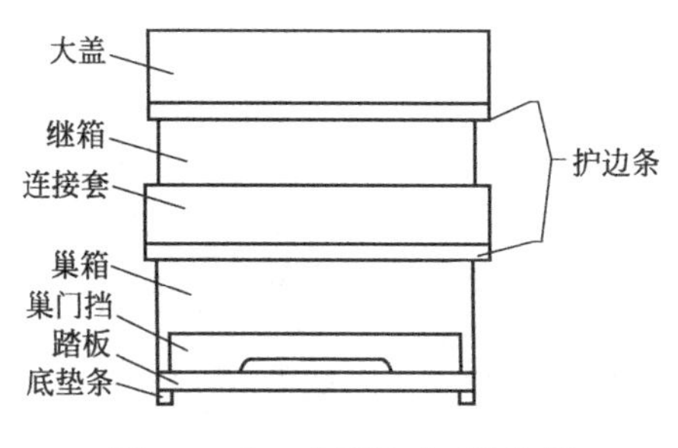

图 2-6　GN 式蜂箱正面结构图

（图 2-7）。摇蜜机是利用离心力把巢房中的蜂蜜分离出来，而且不损害巢脾，因此是养蜂户必需的蜂具。市场上的摇蜜机都是根据郎氏蜂箱的巢框设计的，其框笼宽度小，使用中蜂标准箱或其他中蜂箱式的巢框高于意蜂巢框 220 厘米，进入框笼后过紧，造成提脾困难，因此需要求厂家加宽框笼才能便利使用。

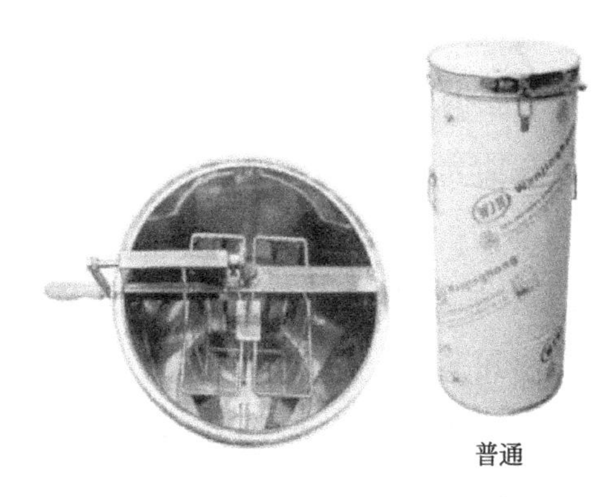

图 2-7　不锈钢摇蜜机

2.2.1.3　主要用具

蜜蜂饲养时的主要用具如图 2-8 所示。

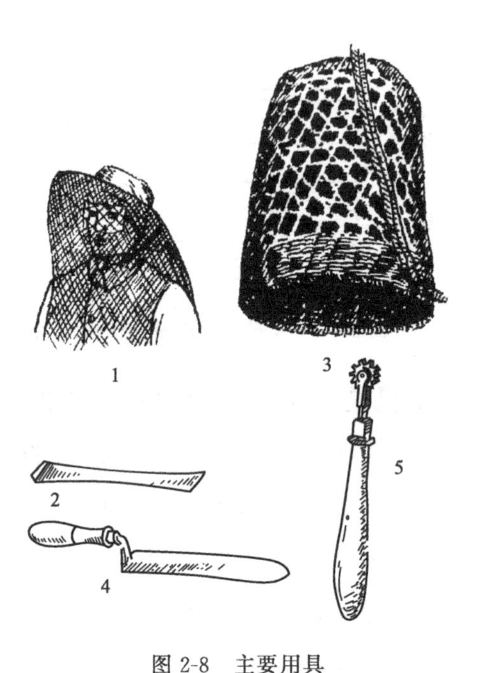

图 2-8　主要用具

1—面网；2—起刮刀；3—收蜂笼；4—割蜜盖刀；5—埋线器

（1）面网　面网是用以防止工蜂螫刺养蜂员面部的用具。面网的视野部分需用黑纱才能见到外界物体，而且不受工蜂的攻击。许多养蜂人不戴面网，或者用一块布蒙头、用白纱布罩面等，这对养蜂员及蜂群都不利的。面网一方面可以防止工蜂向养蜂员头发及眼睛攻击，保证平稳地检查蜂群，另一方面由于面网的保护作用减少了工蜂攻击的目标，使蜂群保持安静，因此面网在养蜂生产操作中是不可缺少的。

（2）起刮刀　检查蜂群时，清除箱底废物和修理赘脾都需用起刮刀。起刮刀的一端有起钉的小孔也可以清除一些钉子，因此是检查蜂群不可少的用具。

(3) 收蜂笼　又叫捕蜂器。简单的收蜂笼是一个圆形的竹笼，它高300毫米，口径200毫米。收蜂笼内面涂些蜂蜡及少许蜜，将收蜂笼紧靠蜂团的上方，用蜂刷驱蜂入笼。如果蜂团停在高树杈上即用长竹竿吊在收蜂笼顶部，口向蜂团上方，待蜂群慢慢爬入笼中后收回。有一种铁纱收捕器，上有一个活动盖，收捕时可捆在竹竿上，打开纱盖套入蜂团，震动，蜂团坠入收捕器内，随即扣盖回收。

(4) 埋线器　常用的齿轮式埋线器，由一个木柄和能转动的金属齿轮组成，齿轮的正中有一小槽，可放入细铅丝的一部分。还有一种是固定式的，是一个头部有小槽的有柄金属棒。使用时稍烧热一点，将小槽压在巢框上的铅丝上，轻轻顺铅丝压过，将铅丝埋在巢础上，把巢础固定在巢框上。

(5) 盛蜜容器　不能用镀锌铁桶及勺作为盛蜜容器，需购置不锈钢制品。

蜂场中所有蜂具及容器都要及时清洗净，保存在干净的室内。产品操作间必须与人、畜分开，平常不能随意进入，也不能与家庭中的杂物一起堆放。

2.2.2 蜂群的摆放及移动

2.2.2.1 场地选择

许多农户喜欢把蜂群放在住宅的房檐下，甚至放在房门口。这种摆放既影响工蜂、雄蜂的活动，又不利于人、畜的安全。

蜂群应放在离宅居地30米以外的山坡或偏荒地上，与人居分离。各蜂箱的箱距以1米为宜，各蜂箱的巢门应互相错开（图2-9）。南方各地用短木桩支起蜂箱可减少蚂蚁及蟾蜍对蜂群的危害，北方及较高寒地区直接用石块垫高。蜂场上有一些矮树林以供遮阴用。蜂场应避开水道及风口，以朝南背北为好。

图2-9 阿坝中蜂场

2.2.2.2 蜂群的移动

蜂群开巢门后，蜂箱不能再随意移动，若移动会使回巢工蜂找不到巢门，飞入其他蜂群引起厮杀。如果需要移动蜂群，应保证巢门的方向不变，以每日0.5米的距离向前后或左右方向慢慢移位。如果在1～2千米内移动，那么应先把蜂群搬到2.5千米以外的地点，暂时饲养10～15天之后，再搬到预定地点。移动蜂群应在夜晚或清晨进行。

2.2.3 蜂群的检查

检查蜂群是了解蜂群群内情况、了解不同的外界条件和不同时期蜂群需求的日常操作，以便实施不同的措施。蜂群的检查可分为全面检查、局部检查和箱外观察。检查蜂群对群体内的微生态有很大影响。全面检查后蜂群需四天左右才能恢复正常温湿度和激素系统，局部检查后蜂群则需两天左右才能恢复，检查的同时影响工蜂出巢及各种采集活动。因此，应尽可能减少开箱检查，多做箱外观察。

2.2.3.1 全面检查

全面检查就是对蜂群逐框进行仔细观察，掌握蜂群的全面情况。这种检查不宜太多，以一年4～5次为宜，以免破坏群内的生活秩序，扰乱蜂群的正常工作，或引起盗蜂，或因惊扰蜂群引起飞逃。一般在春季解除包装后，发生分蜂热前，主要蜜源开花期开始和结束，准备越冬前，以及意外情况发生时，才进行全面检查。

全面检查要选择风和日暖、外界有蜜源、气温在15～25℃时进行。蜜源中断期，尤其是秋季断蜜期，不要全面检查，以免引起盗蜂。

检查蜂群时，养蜂员要穿浅色干净的衣服，将手洗

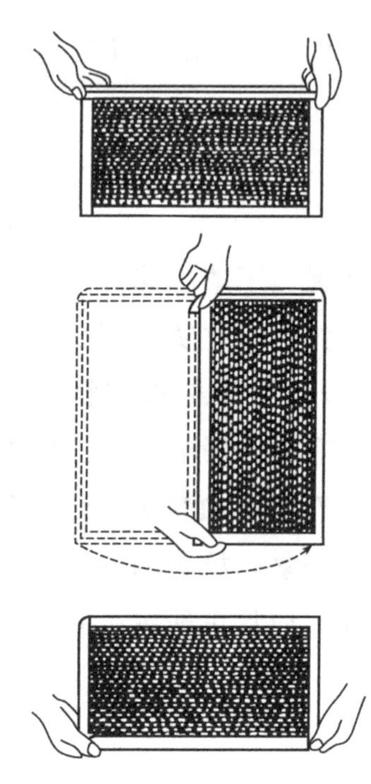

图 2-10　拿巢脾的方法

净，身上不要带有葱、蒜、香皂、汗臭和鱼腥味等特殊气味。准备好所需要的蜂具和蜂群检查记录表（表 2-1），站在蜂箱侧面背光位置，动作应轻快敏捷，有条不紊，箱盖、覆布要轻取轻放，顺序逐框细心检查。提脾、放脾要轻要稳，以框梁为轴线转看两面（图 2-10），不得把巢脾平放观察，以防蜜粉掉落、蜂脾变弯、铅丝中断而跨脾。任何动作都不可震动蜂群，引起工蜂离脾。

表 2-1　蜂群检查记录表

第　号　蜂群蜂王出生日期

上代母群第　号

检查日期			蜂王情况	蜂量（框）	巢脾数（脾）					病虫害情况	备注
年	月	日			共计	子脾	蜜粉脾	空脾	巢框		

全面检查需要观察蜂群的全部情况，包括蜂脾关系，子脾多少，空脾以及巢脾的位置，贮存饲料情况，是否失王，蜂王产卵情况等。检查后将全部内容记录下

来，并根据检查结果采取相应的管理措施。

2.2.3.2 **局部检查**

当外界气温低或缺乏蜜源，或者只需要了解蜂群的某些情况时，可提出少数巢脾进行局部检查，以推测蜂群的一般情况。如发现提出的巢脾上有新产的卵，就说明有蜂王存在；出现自然王台，表明蜂群开始发生分蜂热；内有空巢脾或空巢房，说明蜂王有产卵之处，有贮蜜空间；紧靠隔板的边脾蜂很稀，而且外侧蜜很少，内侧正常，说明脾多，需要抽脾；巢脾上出现新蜡或赘脾，说明要造脾；巢脾上贮蜜多，巢房加高发白，说明蜜源好；如此等等。都可根据表现出的现象和情况，推测与之相关的群内问题，从而采取相应的措施进行处理。

2.2.3.3 **箱外观察**

由于外界条件不适宜开箱检查，如断蜜期、气温低、连续阴雨、风力大等，可通过箱外观察，分析判断蜂群的情况，以便进一步检查或做适当处理。箱外观察虽然不能了解蜂群的全面情况，但是可作为一种常用的检查蜂群的辅助手段，以减少开箱次数，避免过多地干扰蜂群。

箱外观察判断群内情况的内容很多，如在晚秋或早春，蜂群越冬时，巢门板上出现较多的蜡渣和无头、无胸的破碎死蜂，蜂巢内发出臭味，这是蜂群遭受鼠害的表现；越冬期，若蜂群内振翅声大，说明箱内温度低于蜂群正常越冬温度，需要保温；有的蜜蜂体色变黑，腹部膨大，飞翔困难，巢门附近有稀粪便，这是蜜蜂得了痢疾病的表现；春夏季采集蜂出入频繁，进巢门时腿上携带大量花粉，说明巢内哺育工作正常；若回巢蜂腹部很大，飞翔较慢，落地沉重，这是大量进蜜的表现；蜜蜂在箱壁和巢门聚集成堆，这表明巢内拥挤闷热，通风不良；蜜源较好时，有的蜂群却很少外出采集，同时巢门前形成“蜂胡子”，这是自然分蜂的预兆；出现盗蜂，表现外界蜜源稀少等。这些例子都说明箱外观察是简便和常用的了解蜂群的方法。

2.2.3.4 巢脾的布置

检查蜂群后，应把巢脾布置好。布置巢脾的顺序：中央是幼虫和卵脾，外周是封盖子脾和蜜粉脾，空脾可插在幼虫脾和封盖子脾之间。外脾上的蜂量，不少于半个脾面。夏季和流蜜期，脾稍多于蜂，但蜂量不得少于三分之一脾面。

2.2.4 蜂群的合并

在养蜂生产中，经常会出现失去蜂王或者蜂群发展缓慢群势弱小，或者为了提高采蜜量，将小群合成强群采蜜等，这都需要采用一群与另一群合并的技术。由于各群的气味都不相同，必须按照一定的方法进行合并。

合并蜂群应把较弱的蜂群合并到较强的蜂群内，把无王群合并到有王群里。若两群都有蜂王，要在合并的前一天将较次的一只蜂王拿走，第二天再把这群合并到有王群内。最好将相邻的蜂群合并，合并后把腾出来的空箱搬走。

失王时间一周以上，子脾少的，工蜂已经产卵的蜂群，合并前一天要调入1～2框未封盖子脾，除去王台，然后合并。或把这样的蜂群分散合并到几个蜂群里。工蜂产卵时间长的蜂群，可将蜜蜂抖落在地上，使其进入其他蜂群，达到合并的目的。合并后，发现有攻蜂王现象时，用蜂王诱入器将蜂王扣住，待蜂群接受后再将其放出。

不能用刺激性物质来混淆合并群的气味，这种做法易造成合并群飞逃。

蜂群的合并有两种方法。

2.2.4.1 直接合并

当外界有丰富的蜜粉源植物开花，或在流蜜期时，可使用直接合并法：合并在傍晚进行，把被并群的工蜂连同巢脾放进并入群内的隔板外侧，相隔一框距离，喷一些蜜水或糖水，第二天靠拢，除去隔板合并成一群，三天后再统一调整。

2.2.4.2 间接合并

在蜜源稀少，早春、晚秋合并蜂群时，采用间接合并法：把有王的并入群抽去隔板，换入铁纱隔板，然后将被并群放入，靠在铁纱隔板一侧，盖上覆布，过1～2天两群气味混同后，再将铁纱隔板抽掉，整理巢脾。也可用扎成许多小针孔的报纸代替铁纱隔板，双方工蜂把纸咬穿后，便会自行合并。

2.2.5 人工分群

从一群或几群蜂中，抽出部分工蜂、子脾和蜜脾，另组成一个新的分蜂，这就是人工分群。人工分群是人工增加蜂群的方法。人工分群通常有单群平分和混合分群两种方法。

2.2.5.1 单群平分

单群平分就是将原群按等量的工蜂和子脾分成两群，其中一群保留原有蜂王，另一群诱入一只新产卵蜂王。

具体操作：人工分群前一天傍晚，先把原箱向旁边移开0.5米，在原群的另一侧相距0.5米处放一个准备好的蜂箱，从原群提出一半的工蜂、子脾及半蜜脾到空箱内；次日，在新群内诱入一只交尾成功的新王，如果发现采集工蜂分布不均匀，多飞向原群，即把新群向中间靠拢一些，直至采集蜂大致均匀分布为止。

早春天气还比较冷，新群常因工蜂偏集而减少蜂数，容易冻死卵及幼虫。因此可以采用原箱分群，即在原群中间加隔堵板，提一半的工蜂及巢脾到另一侧，开侧巢门，并把蜂箱旋转45°，使飞翔蜂从原巢门和侧门进入。诱入新蜂王后，原箱就变为双王同箱，进行双王同箱繁殖。待蜂群发展后，再分开用两个单箱饲养。

2.2.5.2 混合分群

在春、夏流蜜期，当采蜜群发生分蜂热时，可从不同的蜂群中提出子脾、工蜂共同组成一个新群，安置在蜂场一边，待采集工蜂回原群、留下幼蜂后，诱入一个新产卵王，组成新群。由于流蜜期天气炎热，不会发生冻死卵和幼虫的现象，而且在流蜜期工蜂之间气味差别不大，不会引起厮杀，容易合成一群。非流蜜期不能采用此方法。

2.2.6 蜂王的诱入

养蜂经常会遇到失王、更换老劣蜂王以及人工分蜂等问题，需要给蜂群诱入蜂王。诱入蜂王的方法很多，但大致可分为直接诱入和间接诱入两种。

2.2.6.1 间接诱入法

采用诱入器诱入蜂王。这种方法较安全，是诱入蜂王的主要方法。蜂王诱入器有多种形式，常用铁纱罩和塑料栅这两种（图2-11）。还可采用纸筒诱入法，把蜂王装进封闭的纸筒里，纸筒上刺许多小孔，待蜂王和工蜂将纸筒咬开后，蜂王也就被工蜂接受了。

图 2-11　塑料蜂王诱入器

在一般蜜源条件下，以及蜂群失王后或开始工蜂产卵的蜂群，都要用间接诱入法。首先，将蜂群里的王台除净，把要诱入的蜂王连同几只幼蜂一起放进诱入器，扣在巢脾上有蜜、粉和空巢房的地方。诱入器要扣牢，过 1～2 天进行检查，如发现很多工蜂紧紧围在外面，并钻进诱入器，说明蜂王没有被工蜂接受；这时应该详细检查蜂群，是否有未清除的王台或出了新的蜂王。检查处理后，再扣 1～2 天。如果围在诱入器外面的工蜂已经散开，或开始饲喂蜂王，说明蜂王已被接受，可以打开诱入器让蜂王进入巢脾。

2.2.6.2　直接诱入法

直接诱入蜂王不够安全，只在大流蜜期间，对失王 1～2 天的蜂群采用。

具体操作：在上午，先将失王群里的急造王台除净，隔 3～4 小时后，当采集蜂大部分出勤时，将被诱入的蜂王直接放在框梁上或巢门口，让蜂王自己进入箱内。

另一种方法是除净无王群的王台后，提出一框幼虫脾连蜂放在隔板外。从供给蜂王的蜂群里，提出一框蜂连蜂王放在本群隔板外。傍晚这两个巢脾上基本只剩下幼蜂与蜂王，把有蜂王的脾提到无王群隔板外，与从无王群提出的幼虫脾相隔一框距离。第二天上午，如果无王群工蜂与提来的有王群工蜂不打架，即把隔板抽去合成一群。诱入蜂王后，立刻观察箱外工蜂活动状况；如果工蜂活动正常，不要开箱检查。如果发现巢门口有振翅、激怒不安和厮杀的小蜂球，可能蜂王被围，应立即开箱检查，解救蜂王，再改用间接诱入法。

2.2.6.3 蜂王被围的解救

围王现象常发生在：失王群诱入蜂王而未被接受时；处女王交尾回巢，表现惊恐，行动慌张，带有异味回群时；检查蜂群动作过重，蜂王受惊时；发生盗蜂，蜂群集体飞逃时；在蜂群分蜂时。

围王现象是工蜂将蜂王团团围困在中心，结成一个鸡蛋大小、结实的蜂球。如不及时解救，蜂王就会被围死。

解救方法：

(1) 用水解救法　将围王的蜂球抓出箱外放在水里，工蜂着水便飞去，抓住蜂王，检查其是否受伤。如果完好无损，用诱入器把它扣在巢脾上，等蜂群安定后，再轻轻放出蜂王。

（2）用油解救法　把围王的蜂球放在平板上，扣一只玻璃杯，然后在旁边放一张涂有樟脑油或清凉油的纸，一张涂有蜂蜜的纸。把蜂球从涂有樟脑油或清凉油的纸上移到有蜂蜜的纸上，围王的工蜂便开始吃蜜，经过这样的处理，工蜂就不再围王了。隔1～2小时，蜂群平静后，连蜂带有蜂蜜的纸轻轻放在框架上，让蜂王自己爬进巢脾。

2.2.7 人工育王技术

蜂王是群蜂的中心，它的优劣决定蜂群生产能力的好坏。为了得到大量的优质蜂王，以提供新蜂群的需要和更换老蜂王使用，就必须采用人工育王技术。人工培育蜂王不但可以及时满足蜂场需要，而且在培育过程中，有目的地进行人工选种，使蜂王的品质不断得到提高。

2.2.7.1 人工育王的条件

（1）丰富的辅助蜜粉源　自然界中有丰富的辅助蜜粉源植物，蜂群的营养充足，工蜂分泌王浆丰富是培育出优质蜂王的条件。但在主要流蜜期，由于工蜂主要精力用来外出采集花蜜，对王台的照料反而较差，此时蜂王的质量往往不高。

（2）强大的群势　育王群应是青年蜂多，群势在六框以上，最好是选用分蜂热的蜂群。在这种蜂群中育王，接受率高，工蜂积极饲喂王台幼虫，蜂王质量也较好。

（3）大量的雄蜂　由于雄蜂和蜂王从卵产出到出房的时间不同，所以在移虫之前的 20 天，就应该开始培育雄蜂。雄蜂开始出房，才能移虫育王。雄蜂在性成熟之后，能保持 50 天左右的交配时期。

2.2.7.2　育王用具

（1）蜡棒　蜡棒是制作人工台基用的圆形木棒，长 100 毫米。蘸蜡的圆端直径为 6～8 毫米，距离圆端 8 毫米处的直径为 8～9 毫米。

（2）蜡碗　蜡碗是人工培育蜂王的台基，用纯蜡制成。在制作前，先把蜡棒放在冷水中浸泡大约 20 分钟。然后将蜡棒从水中取出甩掉水珠，直立浸入熔化的蜡液中，立即取出，稍待冷却，再浸一次。首次浸入 5 毫米，随后每次加深 1 毫米，经 3～4 次形成一个 8 毫米高的蜡碗。然后再放到冷水中浸一下，左手托蜡碗，右手把蜡棒轻轻旋转，抽出棒后蜡碗即做成。

（3）移虫针　通常使用弹性移虫针（图 2-12），其由移虫舌、塑料管和推虫杆组成。使用时将角质舌片顺巢房壁伸入巢房底，进入幼虫下部，把幼虫带浆托起在舌片端，移入王台基中央，用食指轻压弱弹性推虫杆的上端，便将带浆的幼虫推入王台基底部。松开食指，推虫杆自动复原。

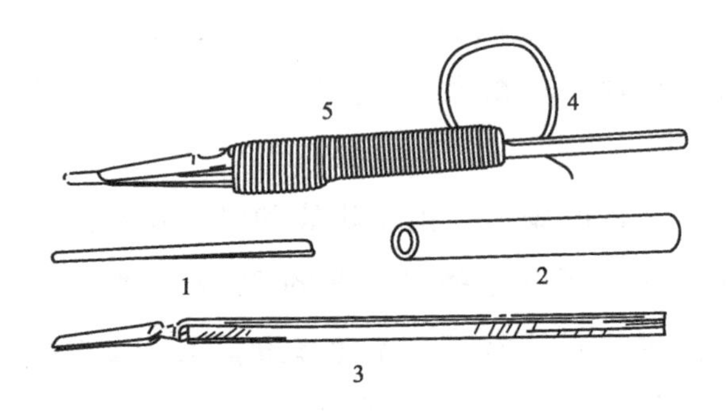

图 2-12　弹性移虫针

1—移虫舌；2—塑料管；3—推虫杆；4—钢丝弹簧；5—塑料扎线

(4) 窄式育王框　有空架式和嵌入巢脾式两种。空架式窄式育王框（图 2-13）的式样与一般育王框相似，只是窄小些。上梁与两旁的边条都是 8 毫米厚，23 毫米宽，长 25 厘米。框中分三段，每段钉上活动木条（育王条）一条，可以翻转，以便放台、取台。育王条上包上三层巢础，压实。每条粘 10 个共 30 个蜡碗。也可以在木条上钻圆孔各 10 个，装 10 个台基，共装台基 30 个。这种窄式育王框，工蜂密集，容易保温，王台接受率高。

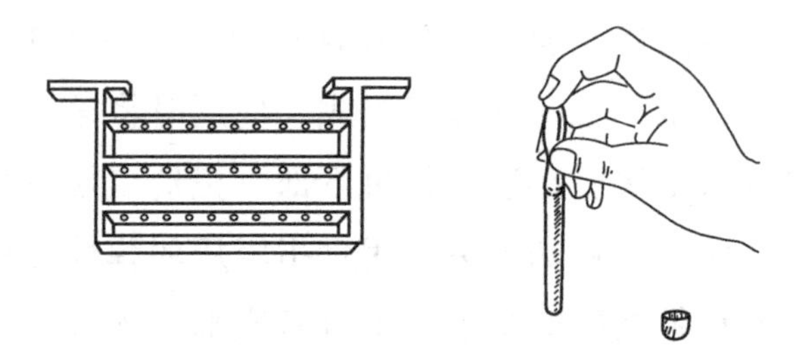

图 2-13　空架式窄式育王框、蜡棒、蜡碗（人工台基）

巢脾式用于早春育王，窄式育王框嵌入巢脾中有利于保温：用普通巢脾中间挖出长 25.5 厘米、高 10 厘米的长方形空间，然后用相等长宽的小型育王架嵌入此空间，架内装三条育王条，可以自由转动进行育王。

2.2.7.3 移虫

在移虫前一天晚上，对供取虫的蜂群进行奖励饲喂，以增加泌乳量，便于移虫。

移虫前 2 小时，将粘好蜡碗的育王条装在育王框上，让工蜂清理。每条育王条粘 10 只蜡碗，蜡碗间距约 10 毫米。蜡碗清理好后，即可移虫。

移虫操作可在室内，也可在室外进行，但环境要清洁卫生，温度必须在 25～30℃之间，相对湿度在 70%以上。从蜂群内提出清理好蜡碗的育王框，把育王条旋转 90°角，碗口斜向上，用一根干净的小棒，将少许王浆稀释液或蜜汁沾在蜡碗的底部，既能使幼虫容易离开移虫针，又能防止幼虫死亡。随后从种用群中把小幼虫脾提出，将移虫针从幼虫弯曲的背部斜伸到幼虫的底部，把幼虫轻轻挑起，放入蜡碗（图 2-14）。移好一条后，安入育王框用热毛巾封在外面保温，然后再移第二条、第三条。移虫完毕后立刻将育王框插入培育群。

第一次移到蜡碗的幼虫，虫龄可大些但不得超过 48 小时。放在培育群中 24 小时之后，提出育王框除去幼虫，进行第二次移虫，又叫复式移虫。第二次移入的应是 24 小时之内的小幼虫。

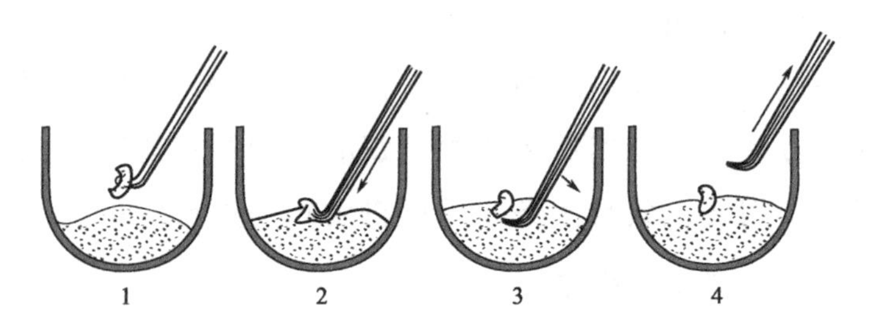

图 2-14　移虫操作

2.2.7.4　育王群的管理

育王群必须是有大量青年蜂和子脾的蜂群，或者处于分蜂热状态的蜂群。

（1）无王群育王　育王前一天把蜂王提出。育王框放入后，加强保温，增加饲喂。

（2）有王群分区育王　早春育王，容易发生工蜂产卵，使工蜂骚动不安，影响育王工作，可采用有王群分区育王的方法。

选择具有老蜂王的强群，用一块普通的隔离板或框式隔离板，把蜂王限制在留有 3 个巢脾的产卵区，另一边就组成无王的育王区。育王区抽去多余的巢脾，紧缩蜂巢，放入 4 个带有粉、蜜的子脾，中间应选两个小幼虫多的子脾，使哺育蜂集中。为了避免工蜂偏集到有王区，应使巢门对着隔离板，让育王区占三分之二的巢门，产卵区占三分之一的巢门。

复式移虫的第 5 天，王台封盖后，提出老蜂王，或者把有王区的工蜂和子脾提出放入另外一边饲养，以免发生自然分蜂。如果是交替期的老蜂王，仍可继续保留在巢内，只需及时把产卵区的子脾和育王区空脾互相调换，使蜂群继续发展壮大。等到第一批王台成熟并提出后，可以继续培育第二批蜂王。

(3) 育王群的饲喂　在移虫前2天至后5天，用牛奶或者酵母粉加糖水进行奖励饲喂，能提高青年蜂分泌王浆的质量，从而哺育出优质蜂王。必须采用框式饲喂器饲喂，不能灌脾或喷脾。

2.2.7.5　交尾群的组织和管理

交尾群是专供王台至新蜂王出房、交尾直到产卵的小群。该蜂群具有充足的粉、蜜饲料，有少量幼虫的两张巢脾，约一框蜂量。在放入王台前一天组织交尾。

(1) 割取王台（图2-15）　移虫十天后，王台成熟，提出育王框，用小刀从王台基部取下王台，放入王台诱入器内。把王台诱入器放在两张巢脾的子圈上方；若只有一张巢脾，即放在子圈内，然后放入交尾群。处

图2-15　割取王台

女王出房后一天，即可移开保护圈上口的铁片，让处女王爬到巢脾上。或者将王台直接嵌入巢脾上方，但要注意不得损坏王台。

（2）检查蜂王交尾情况　处女王出房后到交尾成功，一般需要5～7天。在正常天气情况下，10天内应产卵。因此在处女王出房后10天内，需检查交尾群。若蜂王已产卵，说明这个蜂王交尾已成功，可把蜂王提出，再一次诱入成熟的王台，再作交尾群使用；若处女王还未交尾，最好除去，重新诱入成熟的王台。如果是失王，应把急造王台毁弃，再诱入一个成熟的王台，作交尾群使用。

交尾群第二次诱入的处女王交尾成功后，不能再作为交尾群使用，应补充封盖子脾，扩大群势，作为单独的新群饲养。

（3）挑选优质蜂王　蜂王的好坏对蜂群的繁殖及生产能力有很大影响，而蜂王的好坏又与种群的品质、育王方法及王台的大小有关。用人工育王或利用自然分蜂王台育成的蜂王，必须严格挑选，选优去劣，这样才能保证蜂场的蜂群生产能力不断提高。挑选蜂王，从王台开始：选用粗壮、正直，长17～19毫米的王台。这种王台育出的都是健壮的蜂王。

优质处女王身体健壮，胸部宽；出房后5～8天交尾，交尾后2～4天产卵；产卵新王腹部长，在巢脾上爬行稳慢，体表绒毛鲜润，产卵整齐并且连成一片。对那些体质弱小，产卵空房率高的蜂王，应及早淘汰。

在失王情况下产生的急造王台，是一种在应急状态下产生的非正常王台，出房的蜂王体质弱，品质低劣，不能保留。蜂场若经常使用急造王台，会引起全场蜂群生产能力退化，必须严格禁止。

2.2.8 自然分蜂及飞逃蜂团的收捕

自然分蜂或者飞逃的蜂团，落定以后，要及时收捕，否则它们会重新起飞，飞到很远的地方，从而造成损失。

2.2.8.1 收捕方法

准备好一个空箱，内放一框带有少量幼虫的蜜脾，几框装好巢础的巢框，关闭巢门后放在阴凉处备用。无论是自然分蜂飞出还是飞逃的蜂群，不管用什么用具，方法都相同。

收捕时，利用蜂群向上的习性，将收蜂器放在蜂团上方，用蜂刷或带叶树枝，从蜂团的下部轻轻地催蜂进入收蜂器（图 2-16）。但必须注意，必须把蜂团全部收完，不得遗漏。如果蜂团落在高大的树枝上，人无法爬上去时，用竿子将收蜂器挂起，将蜂团收入。如果蜂团落在小树枝上，可轻轻锯断树枝，将蜂团抖落在有子脾、蜜粉脾的空箱里。如果蜂团落在较远的地方，可将蜂团收下后，抖入面网或铁纱袋内，拿回蜂场抖入箱内。

图 2-16　收捕飞逃蜂群

若同时有多群分蜂，并在一起结团时，先把蜂团全部收回，找出围王的小蜂球放在水中解救出蜂王，放进诱入器，扣在各群的脾上。然后将蜂团分割成小群分别抖入扣有蜂王的箱内，关上巢门，晚上再打开。2～3天后，视其接受情况，放出蜂王。

2.2.8.2　收捕后的处理

收捕后的蜂群，若第二天工蜂出入正常，并有工蜂采集花粉回巢，说明已开始正常生活，就不要开箱检查，两三天后再检查。如果工蜂出入很乱，飞翔慌张，可开箱检查，找出原因，进行处理。开箱检查当晚奖励饲喂，以促进蜂群安定。

2.2.8.3　防止蜂群飞逃

蜂群飞逃会给蜂场造成损失。对于已飞逃的蜂群，收捕后，应找出引起飞逃的有害因素，进行处理。只有清除这些因素才能使蜂群恢复正常生活。在管理过程中，应努力为蜂群创造良好的生存条件，这样才能避免发生飞逃。

引起蜂群飞逃的因素有以下几种：

① 患严重的囊状幼虫病或美洲幼虫腐臭病。

② 箱底太脏，巢虫滋生，或者空脾提在隔板外，引起巢虫大量繁殖。

③ 群内缺蜜，长期没有幼虫和蛹。

④ 盗蜂严重，蜂群无法抵抗。

⑤ 夏天蜂箱受太阳直接曝晒，箱内太热。下雨时箱内受水浸泡。

⑥ 喂药时，药物刺激性太大。

⑦ 检查时动作太重，蜂群受到严重的震动。

⑧ 蜂箱的位置正对烟囱，长期受浓烟的刺激。

针对以上不同情况，及时去掉不利因素，如病群要及时治疗，防止巢虫，缺蜜群及时喂蜜，受太阳曝晒的蜂箱要遮阴，保持蜂群安静等，这样才能防止蜂群飞逃。

2.2.9 盗蜂及其防止技术

所谓盗蜂，就是飞进别的蜂群里，盗吸蜂蜜后飞回原群的工蜂。盗蜂一般发生在断蜜期，常因弱群守卫不严或者巢门开得过大而引起。也会因蜂场中有蜂蜜遗留在地上，或是装蜜脾的蜂箱关闭不严等而引起。

2.2.9.1 盗蜂的识别

盗蜂是受别群的蜂蜜气味的吸引，在其蜂箱周围和巢门口杂乱地飞翔，飞翔的声音尖锐且无一定规则的工蜂。当与被盗群巢门口的守卫蜂厮杀、滚打之后，有一些盗蜂进入其蜂箱。它们飞出时则腹部膨大，行动慌张。被盗群巢门口因厮杀会出现较多的死蜂尸体，有些尸体残缺弯曲。在箱底和箱体接缝处常有盗蜂聚集，企图钻入。开箱检查被盗群时，在框梁或巢脾上可看到被盗的工蜂紧紧追赶盗蜂。

盗蜂群的识别：在被盗群巢门口，给出巢工蜂身上撒些白粉，发现有白粉的蜜蜂飞入的蜂群，就是盗蜂群。

发生个别起盗时，要及时处理，否则会引起全场起盗，造成集体飞逃。或者有个别群的蜂蜜被盗光、啃子以及蜂王被咬死等，所以在日常饲养管理中应特别注意防止盗蜂。

2.2.9.2 盗蜂的预防及其处理

（1）放蜂场地的选择　要选择蜜源条件好的场地放蜂。两场之间要有 1～2 千米的距离，不要把蜂群放在邻场的飞行线上，以免蜜源末期断蜜后发生盗蜂。

（2）蜂箱的排列　根据地形使单箱巢门不同方向排列，两箱之间必须相隔 1 米。两排蜂箱的排距应在 1 米以上，否则容易出现误巢而发生盗蜂。

（3）加强蜂群管理　在缺乏蜜源时要缩小巢门，管理好蜂箱蜂具，堵塞漏洞。

检查蜂群的时间不宜过长，不做全面检查；不能将巢脾上的蜂蜜掉在地上或蜂箱里；更不能把蜜脾等放在蜂箱前面。检查后要盖严箱盖。饲喂蜂群时，不能将蜜汁洒在箱外。取蜜后，对现场和用具要清理干净。蜜源结束前，抓紧抽出空脾，使蜂脾相称，留足饲料，把抽出的空脾严密保存。

蜜源结束前，因无王群和弱群抵抗盗蜂能力差，对无王群和弱群应及时合并，或采取补强的办法及时处理。

（4）制止零星盗蜂　如发现零星盗蜂时，立刻缩小巢门，在巢门前放些杂草或几块木板，隐蔽巢门，让本群工蜂仍能出入，而盗蜂进入较难。也可以在巢门前喷水或涂少许煤油，以驱逐盗蜂。必要时，可将巢门关闭，放在阴凉处，晚上打开巢门。此外，也可将盗蜂群与被盗群互换位置。

（5）制止大股盗蜂

① 迅速堵住巢门，对乱飞的盗蜂，用浓烟喷散，1小时后再打开巢门，放走盗蜂再关闭。

② 晚上将盗蜂群和被盗群的巢门打开，让盗蜂飞回群后，将被盗群搬到别的地方，在原地放一空箱，次日盗蜂再来进入空箱，无蜜可盗而自然解除。

（6）互相起盗的制止　个别蜂群起盗后，形成全场起盗时，需在早晨蜂群出勤前，用铁纱堵住巢门，在蜂箱的另一边开一圆孔巢门。若盗蜂拥挤在原巢门上，则进行喷烟。2～3 天后取掉铁纱，关上巢门，让工蜂熟悉新巢门。也可在巢门口安装简易防盗器，防盗器可用铁纱做成，一头插入箱内，一头在箱外突出1 寸（1 寸＝3.33 厘米）。如果还制止不住，则搬走被盗蜂，解除盗蜂。

（7）意蜂盗中蜂　中蜂群之间互相起盗，一般不会杀死蜂王而导致蜂群毁灭。但如果周围意蜂来盗中蜂，即要特别注意。由于中蜂群的巢门守卫蜂对来盗的意蜂常失去警觉不进行厮杀，意蜂工蜂比较容易进入中蜂群，并迅速地夺取贮蜜及杀死中蜂群的蜂王，造成整群毁灭。长江以北地区的秋末，这时意蜂盗中蜂特别容易造成严重的损失。如果出现这种盗蜂又无法控制时，中蜂场必须迅速搬迁，逃避意蜂的盗蜂。

2.2.10　工蜂产卵的识别和处理

蜂群失王以后，很容易出现工蜂产卵。一般失王3～5 天就可以发现工蜂产卵，在蜜、粉源充足的时期，失王和开始改造王台时，也可能有少数工蜂产卵。

工蜂产卵是分散的，在一个巢房产数粒卵，而且东歪西斜，十分混乱。这些卵都是未受精卵，即使卵孵化也只能产体格小的雄蜂。

发现工蜂产卵以后，及早诱入一个成熟的王台或产卵蜂王，比较容易被接受。诱入蜂王发生困难时，可在上午把原箱移开 0.5 米左右，在原来的位置上放一个空箱，调入一个正常的小群，让工蜂产卵群的工蜂飞回原址。晚上，再把工蜂产卵群的所有巢脾提出，把蜂抖在原箱内饿一夜，第二天让其飞回原址，然后加脾进行调整。

当新蜂王产卵或产卵蜂王诱入成功之后，产卵工蜂会自然消失。此时应立刻处理群内不正常的子脾：将突出的雄蜂房封盖用刀切除，幼虫用摇蜜机摇出，工蜂产的卵用酒精喷杀，或用糖浆浸泡后交还蜂群清理；或用3%碳酸钠溶液灌脾，再用摇蜜机分离出卵，以清水洗净脾并阴干后使用。

如果工蜂产卵超过 20 天以上，群内已有大量的雄蜂及雄蜂脾，对于这种蜂群，只能分散地合并到其他蜂群去。

2.2.11 蜂群的饲喂

当工蜂从自然界中采集的花粉、蜜较少，无法维持正常活动及哺育幼虫时，或者需要促进蜂群加速繁殖时，可以进行人工饲喂。

饲喂蜂群的主要饲料有蜂蜜、白糖、花粉、水、无机盐等。

2.2.11.1 喂糖

喂糖可分为补助饲喂和奖励饲喂。

（1）补助饲喂　是指在断蜜期或越冬前，以及早春蜂群开始繁殖前，因外界缺乏蜜源，而巢内饲料又不足时，对蜂群进行大量饲喂高浓度的糖水或蜂蜜补助，饲喂的糖水或蜂蜜只加入5%～10%的净水（争取在1～2天内喂足）。

（2）奖励饲喂　在早春蜂群进入繁殖期时，以及秋季为了培养越冬适龄蜂，促使蜂王产卵，给蜂群饲喂低浓度（30%～50%）的糖水或蜂蜜奖励（量少次多）。

饲喂的糖水用文火烧开，待放冷后，灌入饲养器，傍晚进行饲喂。当外界气温低时可放在隔板内饲喂。

2.2.11.2　喂花粉

花粉是蜜蜂食物中蛋白质的主要来源，也是蜂粮的主要成分。在外界粉源植物尚未开花或粉源不足的情况下，会影响蜂王的产卵，使幼虫发育不良。巢内缺粉时要及时进行饲喂花粉，也可用蛋白质含量较高的代用花粉，如黄豆粉、鲜牛奶、干酵母等（奶粉、蛋黄及乳制品要经过脱脂）。以干酵母为例，其饲喂方法是：500毫升水中加白糖（或蜂蜜）300克，煮沸溶化，加入研成粉末的酵母片7克（14片）再煮沸，放冷后以每群（10框）喂200毫升为宜。随配随用，不可久放。

2.2.11.3　喂水

水是蜜蜂维持生命活动不可缺少的物质，除了蜜蜂本身新陈代谢需要水之外，食物中，营养物质的分解、吸收、运送及剩余物质的排出，都离不开水。此外，蜂群还用水来调节巢内的温度，尤其在炎热的夏天和蜂群的繁殖季节，需水量更大。所以当外界采不到水或水源缺乏时，需供给蜂群饮水。

其方法是：

（1）巢门喂水　在早春蜂群开始繁殖时，工蜂出巢采集，往往因气候变化而被冻死，为此可在巢门口喂水。用一个小瓶子，内装脱脂棉，然后加入干净的冷水，用细纱布条，一头放入瓶内，一头放在巢门口，让工蜂采水。

（2）在蜂场上设置喂水器　方法是在蜂场上放一个脸盆，内装干净的砂石，倒入净水，让工蜂采集（地点要固定）。

（3）挖坑喂水　在蜂场地上挖一个坑放入塑料膜，再加入干净的砂石，倒上净水。

2.2.11.4　喂盐

食盐是构成和更新机体组织、促进生理机能旺盛和帮助消化不可缺少的物质。给蜂群喂盐可与喂水结合起来，在净水中加入0.5%的食盐。

2.2.12　造脾技术与巢脾的保存

在旧式蜂桶内，蜂群自然造脾，巢脾都是半圆形，即上大下小，而且巢房孔大小不一，雄蜂房多。

活框饲养后，采用人工巢础，并让工蜂在人工巢础上造脾，这样造出的巢脾，房孔大小一致，雄蜂房较少，同时巢础是安在巢框和铅丝内的，造成巢脾后，不怕震动，便于摇蜜机摇蜜，也有利于转地饲养。

造脾需要做以下准备工作：

2.2.12.1 工具准备

巢框，23～24 号铅丝和人工巢础，人工巢础的础基孔内径为 4.4～4.7 毫米。市场上有中蜂巢础和意蜂巢础两种，不能把意蜂巢础作为中蜂巢础使用。以上物件都备齐后，第一步工序是拉线，即把铅丝穿在巢框上。

2.2.12.2 拉线操作

(1) 拉线　拉线是将三条铅丝嵌入巢框内，作为固定巢础的基础。拉线要紧，即把铅丝拉得很紧，用手指轻弹会发出琴声。不用钉子或少用钉子，铅丝两头倒接。由于铅丝表面不是很平直的，因此在第一次拉好后，用起刮刀上下刮铅丝，然后再拉一次，铅丝便拉紧了。

(2) 上础　上础是把巢础安装在巢框内。当日造几张脾就上几张巢础，上好的巢础不能贮放。上巢础要用上础板（图 2-17）。上础板的大小与巢框内径相同，可以稍小一点，但不能大于内径。如标准式蜂箱巢框内径长 400 毫米，高 220 毫米，上础板的长则用 390 毫米，宽 210 毫米，厚 10 毫米。巢础片不能粘到下梁，要留

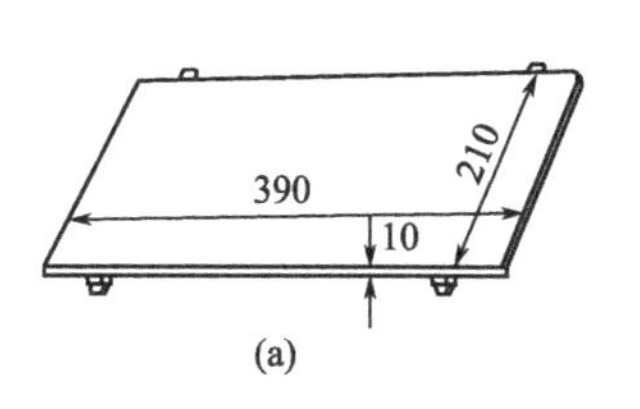

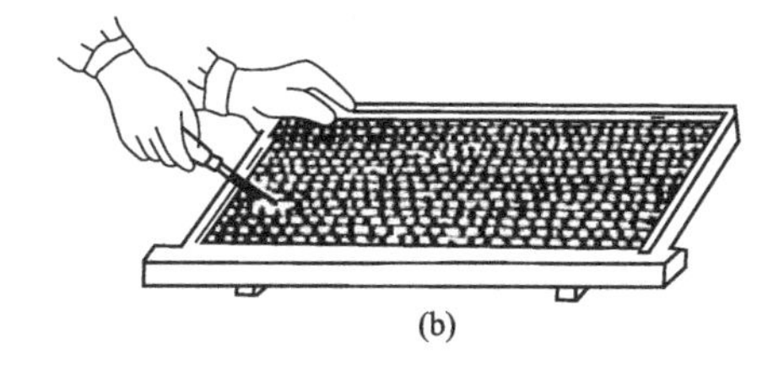

图 2-17 上础（单位：毫米）

（a）上础板；（b）用固定式埋线器将铁丝嵌入巢础片中

15～20 毫米空隙。

上础要做好两点：

① 牢 即巢础与上梁的连接要牢，用蜡粘连。可用熔蜡壶浇蜡液粘连，也可用切下的巢础小片，卷成蜡烛状，中间放一条棉花，点燃后，使熔化的蜡斜滴到上梁与巢础之间。

② 好 巢础埋线时操作要轻、快。埋线不要太重，这样才能少损坏础片上的房基。常用的埋线方法是使用齿轮式埋线器。巢础上好后，表面不能损伤，也不能把巢础表面的房基压平。粘连用的蜡不能滴到巢础表面上。

2.2.12.3 造脾

选强群和没有分蜂热的蜂群来造脾。蜂群造脾前一天先喂糖水。加巢础前的 1 小时，打开蜂箱，把靠边第二个脾与第三个脾之间的框距拉开到足够放一个巢框。

傍晚把上好的巢础搬到蜂场，在插入蜂群之前，用口含少量糖水喷洒在础的表面上，然后插入事先准备好的位置。巢础插入后，把两边的巢脾靠紧，不需要留蜂路。靠边第二与第三张脾之间加巢础，不能加在中间。一个六框的蜂群，一次加入一张巢础。

2.2.12.4 检查与饲喂

插入巢础后的第二天下午，必须检查蜂群有无造脾；如果没有造脾，即提出巢础框；如果已造一半，即可插入中间，让工蜂加高，供蜂王产卵。

为了促使蜂群加速造脾，加础群喂饲 1∶1 的白糖水或蜂蜜水，并加强保温。一般是造好一张，再加一张。

除了使用人工巢础造脾，还可采用修脾造脾，即把老脾的下半部割去，让工蜂在下面接造新巢脾。这种造脾的方法速度慢，巢房孔大小不整齐，但可以在外界蜜源较少的情况下进行。

2.2.12.5 巢脾的保存

（1）抽出多余巢脾　流蜜后期，入冬之前，蜂群缩小时，可以抽出多余巢脾，其中有许多是可以继续供蜂王产卵的好巢脾。这些巢脾必须保存起来，以便繁殖期使用。有些养蜂员只是把多余的巢脾提放在隔板（保温板）外面，不加处理，不久这些放在隔板外的巢脾便会被巢虫损毁，同时还会引起蜂群飞逃。

（2）保存方法　多余的巢脾抽出后，立刻存放在空箱中，然后把这些蜂箱的纱窗以及一切缝隙都用纸糊严，并封闭三个巢门，留一个巢门。再用一片瓦，上放少许硫黄，点燃后送入箱内，然后关闭此巢门。这样让硫黄燃烧后产生的二氧化硫，能毒死在巢脾上的巢虫，但不能杀死蜡螟的卵和蛹。因此，半个月后再熏杀后，才能封好巢门放在阴凉干燥的地方保存。使用时再拆开箱，开一箱用一箱。如果能买到二硫化碳，则用二硫化碳熏杀，效果更好。

2.2.13 取蜜技术

2.2.13.1 取蜜时间

当巢脾大部分的蜜房都已封盖又没有幼虫房时，便可取蜜。要尽量避开工蜂外出采集的繁忙时刻和采集大量花蜜回巢时取蜜，应选择在工蜂大量飞出采集之前摇蜜。

2.2.13.2 摇蜜操作

(1) 准备清洁摇蜜场所　选择清洁明亮的小房间作为摇蜜的场所。这样，既能防止盗蜂的干扰，又能保持蜂蜜的洁净。在流蜜盛期，为了加快摇蜜进程，必须在室外摇蜜时，应搭临时帐篷，在帐篷内摇蜜，严防苍蝇串入，清除污染蜂蜜的各种物体。

(2) 割除蜜盖　抽出蜜脾后，用割蜜刀由下而上割除蜜盖。割好了的蜜脾，随手放入摇蜜机的框笼里；两框摇蜜机每次可放两脾，两脾的重量以大致相等为宜。

（3）摇蜜方法　摇蜜时，先慢慢摇，再逐渐均匀地增加转动速度，高速旋转时间不能超过1分钟。停止摇蜜以前，逐渐地降低速度，以避免巢脾断裂和摇出幼虫。蜜脾第一面摇尽后，抽出换面后再放入框笼里，摇第二面。

摇蜜时最好三人协作：一人抖蜂还脾，一人运脾和切除蜜盖，一人摇蜜。这样能加快摇蜜过程。

（4）过滤　摇出的蜂蜜应用双层滤蜜器或铁纱网过滤。6～7天后，蜂蜜中还有少量的碎蜡或死幼虫浮在表面需及时捞去。

（5）贮存　盛蜜器皿最好用水缸、木桶。如用白铁桶，里面要用无毒塑料袋衬包。盛蜜器皿上需标明花种、日期、地点等。

2.2.14　蜂群的保温及遮阴

保温及遮阴是协助蜂群调节蜂箱内温度的人工措施，在饲养中常被忽视。这两项是重要的管理措施。这两项措施运用得好，可以加速蜂群发展，减少飞逃。

2.2.14.1　保温

在早春、晚秋及冬季都应给蜂群保温：

（1）调节蜂脾比例　蜂箱内置放的巢脾张数与蜂量的比例合适才有利于巢内的保温及繁育。在春、秋季，工蜂能覆盖每张巢脾，边脾80%以上的面积都布满工蜂，如果检查中发现边脾的覆盖率低于50%，即巢多于蜂，应抽出巢脾；如果边脾上的工蜂延续到底板上，即脾少了，应加脾，扩大繁育面积。脾与脾之间的空隙称蜂路，以 10 毫米为宜。过窄不利于工蜂活动，过宽不利于保持子圈的温度。

（2）调节巢门　春、秋季，蜂箱的巢门不宜开得过宽，舌形门以开 10～15 毫米为宜。巢门过大，早、晚的冷风容易吹入蜂箱，降低巢温。早春，可把巢门垂直巢脾而开，这种巢门称暖式巢门。暖式巢门十分有利于保持巢温和蜂群繁殖。

（3）加盖塑料薄膜　在内盖下加一层塑料膜（图 2-18），一直保存至春末。塑料膜可以减少温度散失，又有利于保存湿度，有良好的保持温、湿度的效果。

图 2-18　内盖增加塑料膜

（4）包装　黄河以北地区，冬季气温在 0℃以下时应对蜂箱进行外包装。外包装的做法如下：蜂箱下铺泡沫塑料板，箱上盖稻草帘，帘上压石块，用泡沫塑料板或草帘贴包在箱体外壁上。如果几群一起过冬，箱体间用草帘塞好。一般不需要内包装，箱内的隔板紧贴外脾即可，只要外界的冷风不能吹入箱内，蜂群都能顺利过冬。

2.2.14.2 遮阴

遮阴是用一块挡板阻挡直照蜂箱的阳光，又称遮阳，是用来降低蜂箱上温度的管理措施。最简单的办法是在箱盖上加一块草帘或木板等。草帘或木板一边突出箱体前沿使阴影盖住巢门，以避免巢门受阳光照射。夏日太阳照射温度很高，必须给每群蜂的蜂箱遮阴。

有条件的蜂场可造一个简单的棚架，棚架一般宽、高各 2 米以上便可进入操作蜂群，棚架顶部用草帘盖住即可，不必防雨漏。

第3章 饲养管理

饲养管理是人工饲养蜂群的核心操作技术。人工饲养的目的是利用蜂群去采集花蜜，获取蜂产品的丰收，而不是单纯的蜂势旺盛。养蜂的目的是使蜂群具有强大的工蜂群体，在流蜜期获得蜂蜜的丰收。蜜源缺乏期，迅速缩小群势以减少对蜂蜜、花粉的消耗。通过人工的饲养和实施不同的管理措施，使蜂群的个体数量能随外界蜜源的状况而变化，达到减少消耗、获得最大收益的目的。这就是饲养管理蜂群的技术要点。

3.1 四季管理

3.1.1 春季管理

我国各地气温差异很大，很难确定开始春季管理的具体日期，但可根据本地区第一个主要蜜源植物开花的日期来计算，一般提前75天开始春季管理。如广州，春季主要蜜源植物是荔枝，开花期在4月中旬左右，那么2月初就可以开始春季管理。主要蜜源植物开花期较迟的地区，开始春季管理的日期可推迟些。

3.1.1.1 早春检查

当白天最高温度达到10℃以上，平均气温在5℃左右时，便应该开始进行早春检查，以便及时了解蜂群越冬后的情况，给蜂群发展创造有利条件。早春检查的目的是查明群势强弱、蜂王产卵情况、存蜜状况、巢脾状况等。检查后，针对蜂群不同情况采取不同的管理措施：

① 群势不强，即组织双王同箱饲养。

② 巢内缺蜜，即补给蜜脾，或进行补助饲喂。

③ 巢脾形成的穿洞，可用小刀修整，让蜂群下接造脾。

④ 巢脾过多，即抽出多余的巢脾存放，使蜂多于脾。

⑤ 失王的蜂群，立即合并。

⑥ 用起刮刀清除出箱底的蜡渣。

⑦ 保温物及时翻晒。

检查的动作要轻快，时间要短，抽出的巢脾立即保存，不要把巢脾放置在箱外。早春检查在中午进行。

3.1.1.2 组织双王群

较弱的蜂群，可把它们组成双王群同箱饲养（图3-1），这是增高巢温、加速恢复和发展群势的一种有效措施。具体做法：把相邻的两群提到一个蜂箱内，用隔堵板隔开（不许工蜂互相通过）；两群的子脾、产卵空脾靠近中间的隔板，蜜脾放在最外边，巢门开在蜂箱的两边。双王群既保温好，繁殖快，又省饲料。如果双王群是强弱搭配，可以互相调整子脾。

3.1.1.3 加强保温

春季气温低，外界气温变化大，而蜂群培育幼虫需要34～35℃稳定的巢内温度。如果保温不好，子圈就不易扩大，幼虫也常被冻死。工蜂为了维持育虫的温度，就要消耗大量的饲料和增加机械活动，这样就容易造成饲料不足和工蜂早期衰老死亡，使蜂群出现春衰。所以春季保温是十分重要的工作。其具体做法如下：

（1）调节巢门　巢门是蜂箱内气体交换的主要通道，应随着气温的变化，及时调节巢门的大小（如温度高时适当放大巢门，天冷和夜间缩小巢门），对蜂群的保温能起很大的作用。

（2）紧缩巢脾　从第一次检查开始，抽去多余空脾，做到蜂多于脾，并把蜂路缩小到7～8毫米。这样

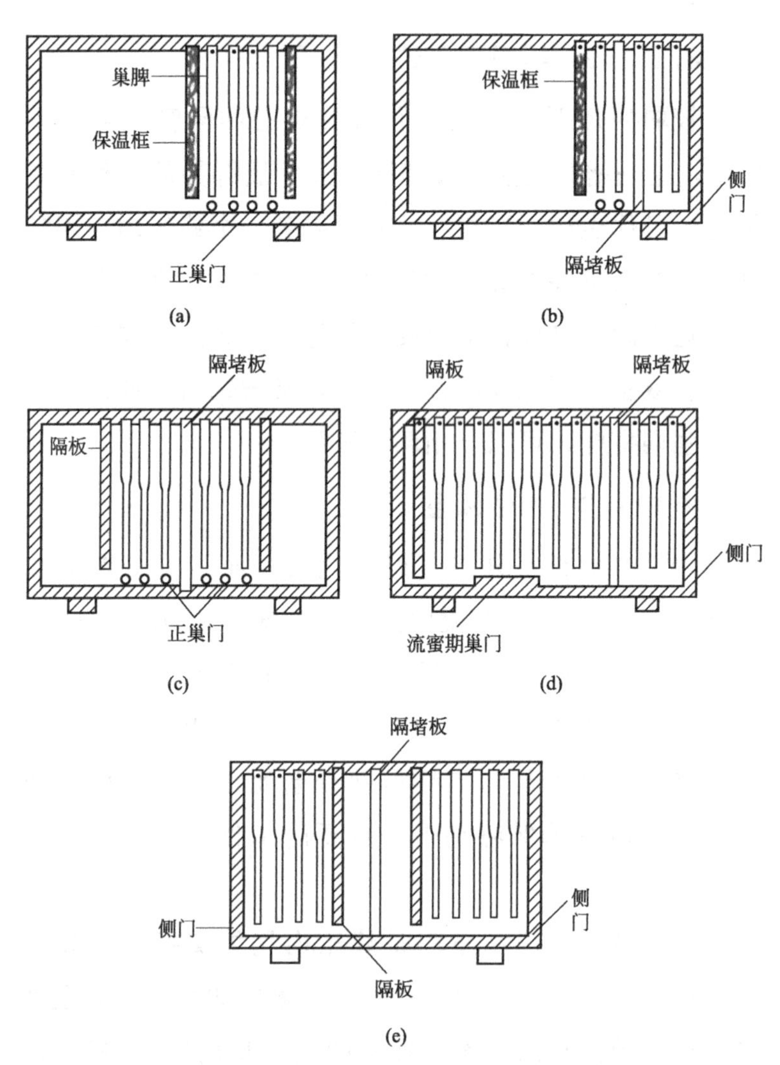

图 3-1 双王同箱饲养示意图

(a) 早春，原群的两边用保温框保温；(b) 人工分蜂，分出群开侧巢门；

(c) 双王繁殖；(d) 单王取蜜，侧面组织小繁殖群；

(e) 流蜜后期，双王同箱饲养，各开正侧巢门做的好处有：①脾数少，蜂王产卵比较集中，子脾密集，便于保温；②在天气剧变时能防止子脾被冻坏，幼虫能得到充足的哺育，新蜂体质健康。

（3）箱内保温　巢框上加盖透明塑料膜，塑料膜延盖到隔板。

（4）箱外保温　将蜂箱箱底垫上 10～15 厘米厚的干草，蜂箱后面和两侧也用同样厚的干草，均匀地包扎严实。箱盖上面盖上草帘。夜晚用草帘把蜂箱前面堵上，早晨除去。以单箱包装为好，可防迷巢和盗蜂。

3.1.1.4 饲喂

早春野外蜜、粉源比较缺乏，在管理上要及时针对蜂群的饲料状况进行饲喂。

（1）喂蜜　对缺蜜严重的蜂群，应以大量高浓度的蜜水或糖浆进行补助饲喂。补助饲喂在傍晚进行，几天内喂足。

若群内存蜜充足，为了促使蜂王产卵，刺激蜂群哺育幼虫，可进行奖励饲喂。具体办法是：用浓度 50% 左右的蜜水或糖水，每晚或隔晚喂一次，每次用量不超过 150 毫升。当寒流侵袭、天气阴冷时宜停止饲喂，以免刺激工蜂出巢飞行。奖励饲喂必须全场每群蜂都进行，否则容易引起盗蜂。

（2）喂水　早春外界气温低，工蜂出外采水常造成大量死亡。因此，应给蜂群喂水，水中加进少量食盐。

要保持长时期喂水，中途不得间断，并注意保持水的清洁。

（3）喂花粉 春季哺育幼虫需要大量花粉，在长期阴雨的天气，工蜂难以采回花粉时，应及时给蜂群补充蛋白质饲料，如黄豆粉、奶粉等。把这些代用品与蜜混合制成糕状，放在框梁上，让工蜂随时采食。

3.1.1.5 扩大产卵圈

如发现产卵圈偏于巢脾一端，或受到封盖蜜限制时，可将巢脾前后调头。一般应先调中间的子脾，后调两边的子脾。如果中间子脾的面积大，两边子脾的面积小，则可将两边的调入中央，待子脾面积布满全框，可将空脾依次加在产卵圈外侧与边脾之间。如果产卵圈受到封盖蜜包围，可逐步由里向外，分几次割开蜜盖。若产卵圈不受限制时，不必割开蜜盖。

3.1.1.6 人工育王与人工分群

在春季蜜源期到来的 1 个月前就应开始人工育王。选择场内群势强，有 4 框蜂以上的蜂群作育王群。及时人工分群可以控制分蜂热的产生。

人工育王的王台被接受后 10 天左右就应进行人工分群。春季采用平均分群方法较合适。如果原群较弱，外界气温较低，可以在原群的箱内中间加隔堵板，分出群在隔堵板另一侧，并开侧巢门，处女王交尾成功后，进行双王同箱饲养。

3.1.1.7 加础造脾

处女王交尾成功后，立即加础造脾；一般用 2/3 的础片造脾较好，若用 1/3 巢础造脾，工蜂下接成整脾的时间太长，也会造成巢房中雄蜂房过多。蜂群造脾时进行奖励饲喂、适当保暖有助于快速造脾。

3.1.1.8 组织采蜜群夺取春蜜丰收

在主要蜜源植物开花前两三天，就应组织采蜜群。采蜜群以老王群为基础，把新王群的青年工蜂合并过去，抽出采蜜群中小幼虫脾提到新王群，把新王群中半蜜脾补充到采蜜群中。子脾上的封盖蜜脾不能摇蜜，先移到边脾，待子脾出房后再摇蜜。

采蜜群的框距扩大到 12 毫米左右，除去盖在框梁上的塑料薄膜，扩大巢门。初花期就摇蜜，若 2～3 天内天气晴朗，第 1 次可以把群内贮蜜全部摇完。如果遇到连续阴雨天，就加础造脾。

为了使生产的蜂蜜的浓度达到标准，巢脾上封盖蜜必须超过 50％才能摇蜜。

3.1.1.9 缩小群势，保持繁殖

春季主要蜜源期结束后，蜂场转到半山区准备采集 6 月中旬的山乌桕花和其他山花蜜源。在夏蜜到来前一个多月，不需奖励饲喂，蜂群利用山区零星蜜、粉源就可以繁殖。从蜂群中抽出部分巢脾，适当密集，保持蜂群正常繁殖。这时胡蜂众多，须及时驱杀胡蜂。此外，

还应保持箱底清洁，防止巢虫危害。

以上是春季管理与繁殖的基本操作程序。有些地区春季没有主要蜜粉源，蜂群繁殖速度可以放慢。

黄河以北的山区，春季缺主要蜜源，而杂花种类繁多，除满足群内需要外，还可以生产一些蜂蜜，如五月上旬花椒开花期，在天气晴朗、蜜源丰富的地方可以摇蜜。华北地区春季蜂群管理的主要目的是夺取7月份荆条花期的丰收。

3.1.2 夏季管理

6～8月份是我国南北地区最热的季节。这时期蜜粉源较少（除了云南以外），敌害多。这三个月的蜂群的饲养管理称夏季管理，又叫越夏管理。

3.1.2.1 夺取夏蜜丰收

长江流域及华南各地（包括海南岛），6月上旬至6月中旬主要蜜源植物是山乌桕，即乌桕花期。乌桕花期天气较好，一般都能获得收成，但蜜质较稀，不宜勤摇。应待群内多数巢脾都有封盖蜜脾时才取蜜。后期留1张半蜜脾供蜂群度夏，并大量抽去多余巢脾，留3～4张脾。

北方荆条花期是主要流蜜期。中蜂与意蜂同时采蜜，中蜂场如果和意蜂等外来蜂种同一地方采蜜，必须晚进场早退场，即开始流蜜后才搬进蜜源区，中后期提前撤离蜜源区，以免引起盗蜂造成严重损失。

3.1.2.2 遮阴防晒

搭遮阴棚，移蜂箱到遮阴棚下使蜂箱避免日晒，同时垫高箱底。

3.1.2.3 驱、杀胡蜂

胡蜂是夏季蜂群的主要敌害，经常在巢门前飞窜，捕捉外出工蜂，影响蜂群采水、扇风等降温活动，因此养蜂员要经常在场内巡回，驱杀来犯的胡蜂。

3.1.2.4 控制飞逃

夏日容易发生飞逃，特别是在矮半山区的蜂场。海南的蜂场，夏季常出现50%的蜂群飞逃。蜂场中出现蜂群飞逃之后应立刻关闭飞逃群巢门，收捕飞逃蜂团，傍晚再对飞逃群开箱检查，找出飞逃原因并及时纠正。切勿引发集体飞逃，若发生了集体飞逃就会造成严重损失。

3.1.2.5 夺取荆条蜜丰收

黄河以北地区7月份为荆条花期，在荆条开花前一个月，主要管理措施是控制分蜂热的产生。如果发现群内已出现分蜂王台，群势超过八框以上，对这种蜂群应采用人工分群，一分为二。新群诱入王台，并加础造脾，即可解除分蜂热。在流蜜初期出现分蜂热的蜂群，即采取把全部工蜂抖落在巢门外，让青年工蜂飞翔片刻，然后回巢，并用一块木板搭在巢门与地面之间，使幼蜂能爬回巢内。抖蜂之前先找到蜂王，并将其放在诱入器中，待工蜂回巢后，傍晚时放开蜂王。具分蜂热的蜂群经抖落处理后，一般都解除分蜂热，投入采蜜活动中去。荆条花期后期应留 1～2 张未封盖蜜脾在群内，以作为 7 月下旬到 8 月中旬缺蜜粉时的饲料。

3.1.3 秋季管理

一般而言，9～11 月属于秋季，但按气温来考虑：长江以南地区的秋季可延长到 12 月中旬，而黄河以北地区秋末冬初大致在 11 月底。秋季是长江流域及华南地区的蜂群收获季节。生产的几种特种蜂蜜如柃属 *Eurya* spp.，八叶五加（鸭脚木）*Schefflera octophylla*（*lour*）Harms.，野坝子（皱叶香薷）*Elsholtzia rugtosa* hemsl. 等，都在秋季开花，此外还有许多山花也在秋季流蜜，因此秋季管理的好坏关系到南方中蜂生产区的主要经济收益。

3.1.3.1 奖励饲喂

9 月初，气温开始下降，野外有零星蜜源植物，这时适当奖励饲喂，可以促进蜂王产卵，增加工蜂出勤，但不必补充花粉。

3.1.3.2 淘汰老蜂王

对度夏之后产卵少的老蜂王进行淘汰，进行人工育王，培育少量新蜂王来替换老蜂王以利于培育工蜂采秋蜜，但切勿如早春一样大量进行人工分群。广东、海南和云南南部的蜂群有第二次自然分蜂的现象，对已发生分蜂热的蜂群应进行人工分群，控制自然分蜂的发生。流蜜期开始，保持采蜜与繁育并重，由于秋季气温容易骤变，因此每次采蜜都留一张半封盖蜜脾。流蜜后期，提出多余巢脾，达到蜂多于脾。少开箱，以防盗蜂发生。

3.1.4 冬季管理

在海南、广东、广西南部和云南南部，12 月份之后，野外还有一些蜜粉源植物，因此这些地区的冬季没有特别的管理措施，蜂群按照早春管理方法进行管理。长江流域各省冬季气温可达 0℃以下，这些地区的蜂群应喂足饲料，不进行外包装以减少蜂王产卵直至停卵，避免蜂箱受太阳照射，减少工蜂出外活动，保持蜂群不受干扰。

黄河流域及华北、东北、西北地区冬季气温在 0℃以下。在寒冷的冬季，这些地区的蜂群结成蜂团过冬，必须采取一系列冬季管理措施。

3.1.4.1 喂足蜂群

10 月中旬后应加大饲喂量，使每群蜂应存蜜或糖 10～15 千克。饲喂前调整好巢脾：子脾在中心，空脾在两边。饲喂过程中不要再移动巢脾，让工蜂用蜡在巢脾间联结，堵塞蜂箱中的缝隙。

3.1.4.2 内包装

用盖布盖在巢脾上，外加一块塑料薄膜，塑料薄膜应连同隔板一起包在内面。

3.1.4.3 外包装

（1）单群包装　单群包装过冬，包装物主要是稻草席或泡沫塑料板。先垫箱底，后用帘包蜂箱只留一侧巢门，用绳捆好，上部用石压上。春季工蜂不会偏飞到别群引起盗蜂。单群包装适于冬季较短，最低温在－10℃以内的地区，如黄河以南地区。

（2）并列包装　蜂箱并列一排进行包装，两箱之间相距20厘米。包装物是长的稻草席或泡沫塑料板，将其盖在并排的蜂箱上面用绳捆好，上部用石压上。用同样的稻草帘或泡沫塑料板垫在箱底，两箱之间再用泡沫塑料板贴上捆好，蜂箱只留一侧巢门。并列包装适于冬季长，最低温在－10℃以下的地区，如黄河以北、华北、东北地区。

3.1.4.4 缩小巢门

把巢门缩小，既可减少冷风吹入，又能防止小老鼠窜入破坏蜂巢，但不能堵死巢门。蜂群结成冬团越冬后，不许撞敲蜂箱。注意下雪之后及时除去箱上及巢门前的积雪。

3.1.4.5 补救饲喂

越冬期间如发现中午有工蜂出巢飞翔，应检查巢内是否缺饲料，如缺少饲料立即进行补救饲喂。特别是在来年二月气温已回升到0℃以上，在风和日暖的日子，会有许多工蜂外出排泄，这时要开箱检查存蜜。若发现缺乏饲料，应在上午10点之后进行补救饲喂。许多蜂群往往顺利过冬后，饿死在春天快来临的日子，这种死亡都是不注意群内饲料状况所造成的。

3.2 流蜜期管理

3.2.1 大流蜜期取蜜

油菜、荔枝、乌桕、荆条、八叶五加、野桂花、野坝子等流蜜期为大流蜜期：花期集中，时间短，一般是15～30天。这种流蜜期必须组成强群夺蜜。采蜜群一般应6框以上，以老蜂王为主，老蜂王组成的蜂群可以减少哺育的压力。当巢脾上方都有一半封盖蜜时，开始第一次取蜜，全部取完不留蜜脾。为了保证蜂蜜的质量，每次都应等到巢脾上方大部分封盖后才摇蜜。流蜜后期取蜜，不能全部取完，应留有蜜脾在群内。

3.2.2 分散蜜源期取蜜

春季山花或者高山地带的夏、秋山花，没有主要流蜜期，而分散蜜源丰富不断，延续时间很长。这种蜜源条件下采用抽取脾蜜的办法，每次取蜜相隔7～10天，每群只取1/2～2/3的蜜脾。不需要组织采蜜群，但要保持强群，及时淘汰产卵不佳的老蜂王，控制分蜂热的产生。分散蜜源期取蜜是获得高产的重要措施。

3.3 短途转地技术

短途转地采蜜是蜂场获得较高效益的措施。此外，为了逃避盗蜂须重选场地等，也需要进行转地。蜂群在转地过程中大部分工蜂离开子脾，因此转地饲养只宜在400千米范围内，以24小时汽车能达到的场地条件下进行，长距离转地会造成子脾大部分死亡。

3.3.1 转地前的准备

转地前，必须对新场地的蜜源、气候、蜂群陈列的地方进行详细的调查落实。选择好适宜放蜂的场地、掌握了蜜源泌蜜的情况后，根据路途的长短、运输工具和启程日期，对蜂群进行必要的调整。炎热天气时运输，标准箱内不可超过六框蜂。运输的前一天，必须把蜂群的巢脾用木卡在每个巢框的两端卡牢、挤紧（图 3-2），箱内空余地方可用空巢框塞满，把隔板靠到蜂箱侧壁上。卡脾动作要轻巧，速度要快，以免引起盗蜂。巢脾卡牢后，摇动蜂箱时不晃动即表明已固定好。傍晚工蜂回巢后将巢门关紧，并立刻开启后纱窗。

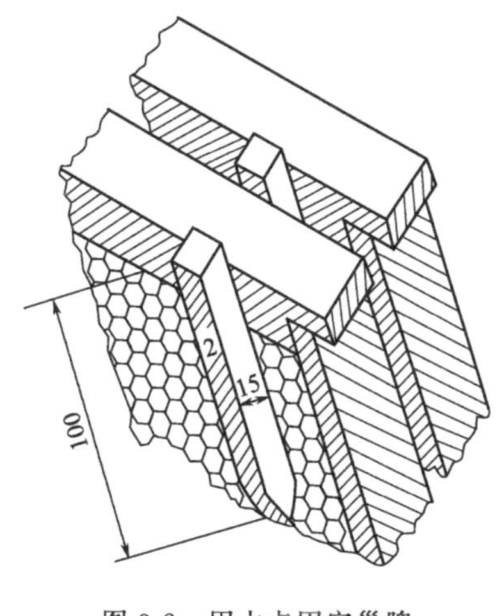

图 3-2　用木卡固定巢脾

（单位：毫米）

3.3.2　转地途中的管理

运蜂的时间最好在晚上或清晨。蜂群装车后，检查是否打开蜂箱所有的后纱窗。箱内巢脾的方向要与车辆前进的方向平行，这样可以避免车辆震动时木卡松落，以致巢脾挤在一起，压死蜜蜂。汽车、拖拉机、马车运蜂时，中途最好不要休息，一次到达。白天行车需要休息时，车辆应停在有遮阴的地方，不能让太阳曝晒，否则会造成蜜蜂闷死、巢脾崩毁。

3.3.3 到新场地的管理

蜂群转地到新场地后，采用分散分组排列的方法安放蜂箱。以3～5群为一组，每组间箱距约3米。组内各箱的巢门方向互不一致，每组最好利用一些自然景物作为标志，以便工蜂识别。蜂箱摆放后，立刻进行以下一些管理措施：

3.3.3.1 分批打开巢门

蜂群分散安放之后，不能立刻打开巢门，宜停放半小时后，让蜜蜂安静片刻再开。如果个别蜂群仍然静不下来，可以从纱窗喷入冷水，促使蜜蜂安静下来，然后关好纱窗，再开巢门。有间隔地、分批地打开巢门，不能全场一起打开，以免各箱工蜂同时出巢，造成混乱。

3.3.3.2 注意蜂群飞逃

有些蜂群由于受到转地时的震动的刺激，开巢门后飞逃。这时要注意观察，若出现飞逃预兆时，重新关好巢门，等到晚上再开巢门。

3.3.3.3 处理不正常现象

蜂群到达新场地后的第三天，拆除包装，并做一次检查，如发现坠脾、压死蜂王等不正常现象，应立即处理。

3.4 生产王浆技术

3.4.1 产浆群的选择

产浆群的群势必须在5框以上，选择子脾多、蜜粉贮存充足、有大量青年工蜂的蜂群。

3.4.2 移虫的虫龄

据测定：用2日龄幼虫产浆接受率高达87.73%，而1日龄幼虫只有68.75%。1日龄、2日龄的幼虫浆量具显著差异。

3.4.3 操作程序

3.4.3.1 移虫

移虫前1天，将产浆群的蜂王隔开，如果是使用12框蜂箱，用隔王板将蜂王隔在蜂箱另一头，不必另开巢门。若产浆群已开始建造分蜂王台，那么移虫后第3天可以将原蜂王放回，利用有王群生产王浆。如果外界蜜粉源较差，天气较冷，产浆群内未产生分蜂热，即用无王群产浆。每次移虫 50～60 个，接受率提高后可增加到 80 个产浆台。

3.4.3.2 收浆时间

(1) 取浆时间　移虫后 60～65 小时取浆。有学者提出移虫 65 小时以后取浆最佳，也有学者提出移虫 66～78 小时取浆最佳。具体取浆时间应视王台内王浆量与幼虫体积之比决定，王浆量超过幼虫体积时就可以取浆。

(2) 连续生产王浆　产浆群取 2 次王浆后，应补充幼虫脾到产浆群内以抑制工蜂产卵。如果产浆群内幼虫脾少，可将原蜂王放回产卵一周之后，再继续生产王浆，不然产浆群会发生工蜂产卵。

3.4.4 市场前景

中蜂王台的产浆量约为意蜂的 1/3。有学者统计，10 个王台可取 1 克王浆。如果进行人工选育高产浆品系，可以提高产浆量。饲喂含蜂王激素的饲料或采用有王群产浆可抑制工蜂产卵，延长分泌王浆时间，提高产浆量。中蜂的王浆含水量比意蜂低，黏稠，微黄色，癸烯酸含量高于意蜂，是一种优质王浆。如果市场价格合理，生产王浆产品前景广阔。

3.5 生产花粉技术

当外界有丰富的蜜粉源时，群内有三张卵、子脾，群势在四框以上的蜂群便可以生产花粉。

3.5.1 安装封闭式巢门脱粉器

将蜂箱的巢门板取下，安装封闭式巢门脱粉器（图3-3），脱粉孔孔径为4.5～4.7毫米。目前市场上出售的脱粉器孔径是5.0～5.1毫米，只适合于意蜂，因此购买时要注意孔径的大小。使用巢门脱粉器，虽然孔径合适，但带花粉团的工蜂常常胸部进入后，腹部无法再进入，悬挂在脱粉板上，头在孔内，后足的花粉团在孔外，花粉团不脱落。带粉工蜂常将脱粉孔堵塞，使其他

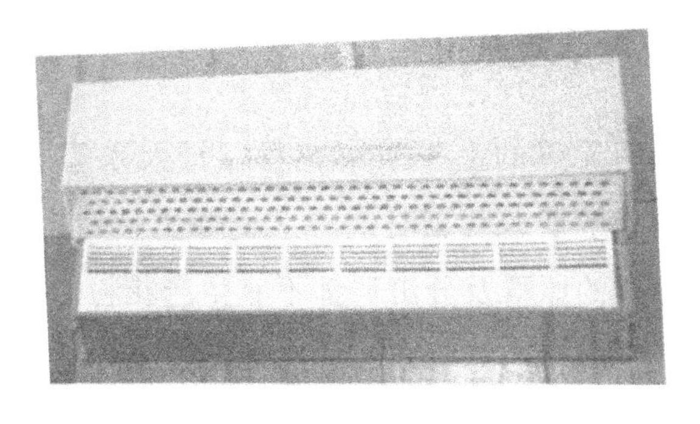

图3-3 巢门脱粉器

工蜂无法进入巢内。不久蜂箱前积累许多采集蜂，影响蜂群正常采集活动，迫使养蜂员取下脱粉器，停止收集花粉。而这种现象在意蜂中不会出现，其原因是中蜂采花粉工蜂向内钻的力量小，无法使后足花粉篮上的花粉团脱落。有学者在两排脱粉孔中间加垫一个小木条，木条高 2 毫米，以供采花粉工蜂的后足蹬上，加大向内冲力使花粉团脱落。经试验确定：这种方法能使大部分工蜂脱落后足的花粉团后进入巢内，保持蜂群正常的采集活动。

3.5.2 花粉的收集和贮存

每隔 2～3 天将收集盒中的花粉收集，置于多层的花粉盘中烘干，或于远红外花粉干燥箱中干燥，使花粉的含水量降低至 8%以下，才能装入封闭严密的容器或双层塑料袋中保存。

3.5.3 管理要点

在晴朗无风的上午采集花粉，每天采集两小时左右。早春流蜜期、度夏时期不宜安装脱粉器生产花粉，自然分蜂群的原群及分出群都不宜生产花粉。蜂场发生盗蜂时，不能生产花粉。

3.6 蜂蜡生产技术

3.6.1 收集蜂蜡

3.6.1.1 及时清除旧巢脾

蜂群越冬及度夏之后都有许多旧巢，这些旧巢若再使用不利于幼虫的发育。据测定工蜂巢房直径：新巢脾4.65毫米；培育1～2次幼虫后，直径为4.61毫米；培育5次以上幼虫的巢脾，工蜂巢房的直径只有4.46毫米。而工蜂初生重从平均85.49毫克下降到77.45毫克，下降10%以上。旧巢脾除了使幼虫初生重下降外，遗留在巢房内的茧衣又是巢虫的主要食物，很容易引起巢虫危害。因此要及时更换，供化蜡。

3.6.1.2 收集蜂场中的零星碎脾

每次检查蜂群刮下的赘脾、老巢脾蜡屑应及时收集，放入化蜡器中化蜡。

3.6.2 使用采蜡巢框

用普通巢框改成采蜡巢框：拆下上梁在侧条1/4处钉一横木条，两侧条顶端钉上铁皮框耳，放好上梁，上部粘5～10毫米巢础条，用来采蜡。下部仍装巢础，让工蜂筑巢，产卵。等上面部分造好巢脾，即割去化蜡，再让工蜂继续造脾。装采蜡巢框只宜在蜜粉源丰富的春、夏之交进行，蜜源缺乏时不能生产。

3.6.3 化蜡

3.6.3.1 煮脾

室外化蜡必须在晚上进行，白天进行会引诱工蜂，而使大量工蜂死在煮锅内。煮脾时，先用猛火，水开后用文火。煮脾的锅内，必须先放入水，一般先放半锅水，然后再放巢脾，待巢脾全部溶化后，用铁钳把断铁丝全部夹出后再用铁勺，连水带渣盛入麻袋，绑紧麻袋口，放入榨蜡器内压榨。

3.6.3.2 榨蜡

(1) 木榨蜡器　一个硬木制的箱体，内有一块厚木盖，木盖的外周比箱的内围尺寸约小10～15毫米，在木盖上压厚方木或石块，最后人工在长木柱一端压下，榨出的水和溶蜡从榨蜡器底板上的出口流入容器中。

(2) 螺旋榨蜡器　煮沸的蜡原料趁热装入麻袋，放入榨蜡桶内，依靠上压板，旋动螺旋杆将水和熔蜡榨出流入容器中。这种榨蜡器榨蜡干净，而且可以浇入热水保持温度，蜂蜡的提取率较高，可达80%左右。容器内先放少量凉水，热的溶蜡水流到容器中后，逐渐冷却，蜡浮在上面，渣沉在下面。冷却后，用手把上面的蜡捞起，捏成团。下面的渣和麻袋内的渣，可再放入锅内化蜡。

（3）制成蜡饼　蜡团保存在干燥箱内，集有一定数量后，再放入干净的铝锅中加水溶化后倒入盛有少量凉水的面盆内。在蜡没有凝结之前放入一条麻线，凝结后提起麻线，纯的蜡饼便提出来了。这种蜡饼可以长期保存，不会变质和受虫害。

榨蜡器及采蜡框如图3-4所示。

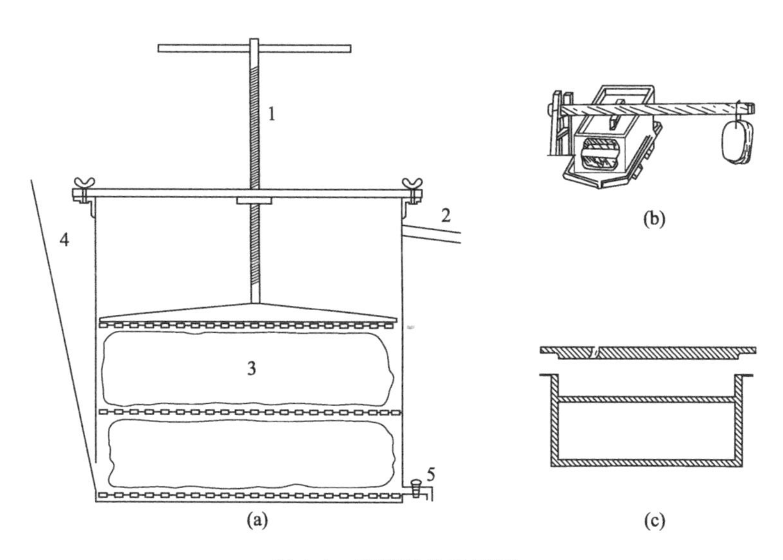

图3-4　榨蜡器及采蜡框

（a）螺旋榨蜡器；（b）木制榨蜡器；（c）采蜡框

1—螺旋杆；2—出蜡口；3—热水进口；4—热水出口；5—热水出口

3.7 蜂毒生产技术

3.7.1 封闭隔离式蜂毒采集器

市场上有各种电取蜂毒的采集器，然而在巢门前或者副盖上采集蜂毒都会引起工蜂结集在电网上，严重影响群内各种活动，因此，不能在群内生产蜂毒，而应使生产蜂毒的工蜂离开原群。采用封闭隔离式蜂毒采集器（图 3-5）生产蜂毒，放毒后再将工蜂放回原群，则不会影响蜂群的采集活动。

图 3-5 封闭隔离式蜂毒采集器

电源控制盒（左）；电网箱（右）

采集器由电源控制盒、电网箱、抖蜂漏斗和贮蜂笼四个部分组成。电源为直流、交流两用，输出电压分别为24V、28V、32V、和36V四个挡位。电网箱为四面和底面共5片电网，电网是暴露的细黄铜丝，电网下置5片承毒玻璃板。工蜂受低压电刺激后，把蜂毒排在承毒玻璃板上。

3.7.2 取毒蜂群的管理

取毒蜂群必须采集蜂多，群势在4框以上。缺粉蜜的蜂群和正处在分蜂热的蜂群不宜取毒。取毒生产应在分蜂后期或采蜜后期进行。这时取毒对蜂群影响比较小。工蜂排毒前如果腹部蜜囊中存蜜太多，应在贮蜂笼中放置5～6小时后再放入取毒器排毒。排毒之后，停留1小时则可将工蜂放回原群。

3.7.3 采毒操作

3.7.3.1 取蜂

将采毒蜂群的边脾带蜂隔开子脾20毫米，边脾上的工蜂用来取毒，注意不要把蜂王带过来。

3.7.3.2 抖入采毒箱

隔开1～2小时后，提出边脾把蜂抖入采毒器内，每次1群，以1500～2000只工蜂为宜。

3.7.3.3 排毒

把盛蜂的采毒器搬到室内，接上电源，每隔5分钟放电一次让工蜂排毒，连续3～4次即取毒完毕。

3.7.3.4 放蜂

把取完蜂毒的工蜂搬到蜂场附近释放，让工蜂飞回原群。不能在原群的巢门前释放，因为排毒工蜂身上的警戒信息素会激怒原群工蜂。

3.7.3.5 取毒的次数

同群的工蜂，以每隔10～15天取毒一次为宜。取毒过密容易刺激蜂群，甚至导致蜂群飞逃。

3.7.4 蜂毒的收集

工蜂排毒之后，蜂毒在玻璃板上凝结，取出承毒的玻璃板，用刀片刮下凝结在上面的蜂毒，放入清洁的小瓶内封闭起来。积累到一定数量，再进行真空抽滤的纯化处理后，贴上商标，投入市场。

采毒时，工蜂会在承毒板上吐蜜或者排出黄色粪便。在刮毒时注意先将其清除掉，以免混杂在蜂毒中。

按每只工蜂每次排毒0.005毫克计算，20000只工蜂一次排毒可取1克粗蜂毒。

第4章 病虫害及其防治

中蜂群的病虫害比引进的西方蜜蜂相对要少。在西方蜜蜂没有引进之前，中蜂的幼虫几乎没有病害。蜂群的主要敌害是大蜡螟和小蜡螟，其次是各种胡蜂。

引进的西方蜜蜂种首先传染到中蜂的病害是欧洲幼虫腐臭病、孢子虫病等。20 世纪 70 年代之后意大利蜂的囊状幼虫病病原发生变异传染到中蜂，引发中蜂囊状幼虫病暴发，造成中蜂群大量死亡。但对西方蜜蜂种危害最大的美洲幼虫腐臭病，中蜂不被传染。

在治疗药物上，严禁使用抗生素类药物，提倡用中药治疗。

4.1 囊状幼虫病

4.1.1 症状

蜂群传染囊状幼虫病后，5～6 日龄幼虫死亡，约

1/3 死于封盖前，2/3 死于封盖后。死亡的幼虫头部上翘，白色、无臭味，体表失去光泽，用镊子拉出如一个小囊，内含液体，末端积聚透明的小液滴。封盖后死亡的老熟幼虫，工蜂会在其房盖上咬一小孔，或将房盖启开。病死的幼虫，若残留在巢房，体色渐变为黄褐色，最后变成一块干片。经鉴定其病原为囊状幼虫病病毒（图 4-1）。

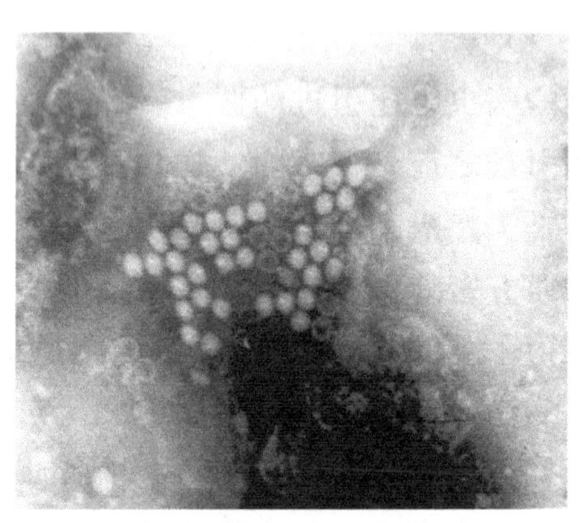

图 4-1 中蜂囊状幼虫病病毒

电镜观察发现病幼虫的悬浮液中含有大量的近似球形的六边形病毒颗粒，平均直径为 28～30 微米，有成熟的（充实的）和不成熟的（中空的）两种病毒颗粒。而健康幼虫的悬浮液中未发现这种病毒颗粒。

4.1.2 类型

4.1.2.1 急性型

在早春或秋季，感染此病的蜂群内大幼虫大面积死亡，成蜂不安，体色变黑，采集活动减少，蜂群极易飞逃。

4.1.2.2 慢性型

患病蜂群采集、繁殖活动基本正常，大部分幼虫发育正常，但常出现几条至几百条患囊状幼虫病的幼虫。慢性型若不及时治疗会转变为急性型。

4.1.3 致病因子

4.1.3.1 发病与气候

发病高峰与当地的气候和蜜源有密切关系。春季，外界具有较好的蜜粉源，平均温度为15～20℃而又经常有寒流侵袭、气温变化大，当蜂群大量繁殖幼虫时最容易感染囊状幼虫病，而且多为发病快的急性型。以日夜温差来考察，温差大的山区，发病较严重，不易治愈；日夜温差小的平原和沿海一带，病情较轻，较易治愈。

4.1.3.2 发病与欧洲幼虫腐臭病的关系

这两种幼虫病经常在蜂群内同时发生，特别是急性暴发期。气温较低，群内有大量幼虫，而保温及饲喂条件较差时，有利于欧洲幼虫腐臭病的发生。欧洲幼虫腐臭病的侵害又降低了蜂群的抗病能力，为囊状幼虫病的复发提供了条件。因此在防治上应先防治欧洲幼虫腐臭病，再防治囊状幼虫病，或者两种药物同时使用。

4.1.4 防治

囊状幼虫病是一种病毒性传染病，在防治上至今未找到特效的治疗药物。因此只能采取加强管理，结合药物治疗的防治措施。

4.1.4.1 管理措施

（1）加强保温　在蜂箱的副盖下增加一层塑料薄膜以保持巢温。群内保持蜂脾相称，适当密集。

（2）幽王断子和换王断子　常用的中断子脾的方法有两种：一种是幽王断子，即控制蜂王产卵，把蜂王关闭在王笼内，插在子脾上，一般幽闭7～10天；另一种是换王断子，除去病群蜂王，换入成熟王台，新王出房交尾后，在病群中繁殖。

（3）及时处理病害子脾及消毒　对蜂具、发病蜂群子脾和场地进行消毒及处理，常用石灰水泡洗，或用来苏儿溶液喷场地等。

（4）补充饲喂营养物质　对全场蜂群补充饲喂糖水及人工饲料，发病群补饲之后能较快恢复正常活动。

（5）选择无病群进行人工育王　用场内无病群作种群和育王群进行人工育王，用新王替换抗病能力弱的蜂群中的蜂王。

4.1.4.2 药物治疗

在药物治疗上使用以中药为主的方法，结合一些抗菌药物。贯众（植物块茎）是中药防治肺炎及感冒的一种较好药物，在广东地区防治期间用以下配方效果较好：

① 贯众1份，金银花1份，甘草1/3份；

② 贯众1份，苍术1份，甘草1/3份；

③ 贯众1份，紫草1份，甘草1/3份；

④ 野菊花、射干、贯众、生侧柏叶各1份。

具体用量：以一个成人量治疗15框蜂计算使用时，药物需煎煮过滤，配1∶1糖水饲喂，连续或隔日喂4～5次为1个疗程。

此外还有海南的金不换（华千金藤）、云南的山乌龟及半边莲等均有一定疗效。

在治疗中为了同时治疗欧洲幼虫腐臭病应加一些磺胺类药物，以消灭细菌，但不能加抗生素，以免污染蜂蜜。

囊状幼虫病从急性型转为慢性型之后，常常隔几年后又会严重地暴发，影响蜂群的发展，因此蜂场需使用抗病能力强的蜂群育王，更换老蜂王，保持蜂群的饲料充足和注意保温，及时治疗欧洲幼虫腐臭病。

近年来，北方蜂群常在秋季发病，经鉴定，为孢子虫与囊状幼虫病毒混合感染所致。在治疗中应添加治疗孢子虫病的药物。

4.2 欧洲幼虫腐臭病

中蜂欧洲幼虫腐臭病与西方蜂种的病原一致，都是蜂房蜜蜂球菌。自 20 世纪 70 年代之后此病开始在中蜂群蔓延，目前已是蜂场春季防治的主要病害之一。

4.2.1 症状

该病的典型症状为 2～3 日龄幼虫死亡，死亡幼虫初期呈苍白色，以后变黄，尸体残余物无黏性。蜂群染病菌后，巢脾上空房和子房相间成“花子”脾，常常是空房多于子房。蜂群发生欧洲幼虫腐臭病后常引发囊状幼虫病。

4.2.2 病原

据鉴定：蜂房蜜蜂球菌（*Melissococcus pluton*）为主要传染病原，其次是蜂房芽孢杆菌（*Bacillus aiaei*）。

4.2.3 防治

欧洲幼虫腐臭病早期不易被发现，通常只有少量病虫出现。当外界蜜源条件好转后，可以自愈。若外界蜜源条件差，气温较低，则用磺胺类药物加黄连素混入糖水中作奖励饲喂，一周后能治愈。此外在蜂场中提供清洁饮水，以避免工蜂到不清洁的地方采水受到感染。

4.3 孢子虫病

梁正之（1978）首次报道西方蜜蜂的孢子虫病传染到中蜂，广东从化不少中蜂场发现此病。

4.3.1 症状

4.3.1.1 急性型

初期成蜂飞翔力减弱，行动缓慢，腹背板黑环颜色变深，体色变黑，蜂群蜂王腹部收缩，停止产卵，不安地在巢脾上乱爬。

4.3.1.2 慢性型

初期病状不明显，工蜂飞翔力减弱，造脾能力下降，偶见下痢，蜂群日渐削弱。将有症状的工蜂用镊子夹住螫针拉出大肠、小肠和中肠，可发现中肠浮肿，斑纹不明显，呈灰白或米黄色，有的工蜂大肠有粪便积存，略带臭味。

4.3.2 病原

该病病原系由蜜蜂孢子虫（*Nosema apis* Zander，

1909）引起。

诊断方法：取工蜂的中肠，加少量0.7%生理盐水，在研钵里研碎，取一小滴上清液，涂在载玻片上，在600倍显微镜下检查，可发现长椭圆形似谷粒状并具有淡蓝色折光的孢子。孢子长5.0～6.0微米，宽2.2～3.0微米。或将中肠涂片晾干，以1∶49革兰氏液染色5分钟，取出以蒸馏水冲洗再镜检，可以观察到孢子虫各期虫态。

4.3.3 防治

4.3.3.1 蜂具消毒

将病群的蜂具用2%～3%的氢氧化钠溶液消毒清洗。

4.3.3.2 药物治疗

每千克糖浆中加入米醋3～4毫升，每隔3～4天喂1次，连喂4～5次。每升糖水加25毫克烟曲霉素饲喂病群，每天一次，连喂4～5次。

4.4 蜡　　螟

蜡螟（图4-2）是蜂群的主要敌害，常常造成蜂群飞逃，或者大批封盖蛹死亡，因此是防治的主要对象。

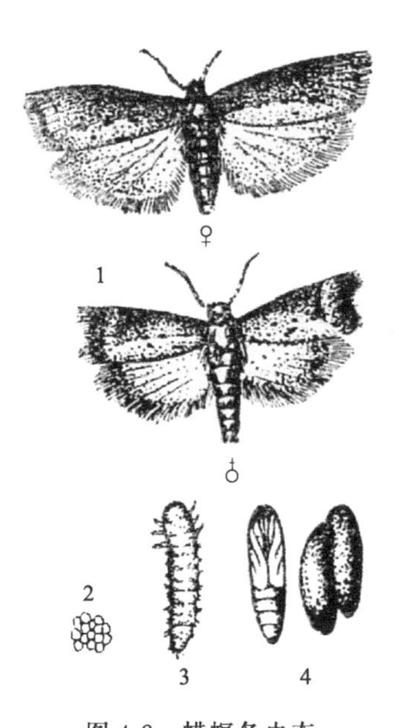

图 4-2　蜡螟各虫态

1—成虫；2—卵；3—幼虫；4—蛹及蛹茧

4.4.1　蜡螟与小蜡螟的区别

蜡螟与小蜡螟是不同属的两种危害蜂巢的害虫，养蜂员常常易将两者混淆，现将蜡螟及小蜡螟各虫态的主要形态区别列入表 4-1。

表 4-1　蜡螟与小蜡螟各虫态的主要形态区别

虫态	蜡　螟	小　蜡　螟
卵	长约 0.3 毫米，粉红色，短椭圆形，卵壳较硬、厚	长约 0.25 毫米，乳白或白黄色，短椭圆形，卵壳薄
幼虫	小幼虫体灰白色，4 日龄前胸背板棕褐色，中部有一条较明显的白黄色分界线，老熟幼虫体长 22～25 毫米	小幼虫体色乳白色至白黄色，前胸背板呈黄褐色，中部有一条很不明显的白黄色分界线，老熟幼虫体长 12～16 毫米

续表

虫态	蜡 螟	小 蜡 螟
蛹	茧白色，长椭圆形，长 21～26 毫米，蛹体长约 12～14 毫米，黄褐色，腹部末端腹面有一对小钩刺，背面有一对齿状突起	茧黄白色，长椭圆形，长 11～12 毫米，蛹体长 8～10 毫米，黄褐色，腹部末端有 8 根排列成环状的锥形刺，腹面小，背面较大
成虫	雌蛾体长 18～20 毫米，翅展 30～35 毫米，下唇须突出于头前方，前翅略呈长方形，翅色不均匀。雄蛾体长 14～16 毫米，翅展 25～29 毫米，前翅外缘有凹陷，略呈“V”形	雌蛾体长 10～13 毫米，翅展 20～25 毫米，下唇须不突出于头前方，前翅扁椭圆形，翅色均匀。雄蛾体长 8～11 毫米，翅展 17～22 毫米，前翅基部前缘有一块菱形翅痣

4.4.2 生活习性

蜡螟白天隐藏在蜂场周围的草丛及树干缝隙里，夜间活动及交配。雌蛾交配后 3～10 天开始产卵。卵产于蜂箱的缝隙、箱盖、箱底板上含蜡的残渣中。雌蛾每次产卵 300～1800 粒。幼虫孵化时很小，爬行迅速，以箱底蜡屑为食。一天后开始上脾，钻入巢房底部蛀食巢脾，并逐步向房壁钻孔吐丝，形成分岔或不分岔的隧道。随着幼虫龄期的增大，隧道也增大。蜡螟幼虫会破坏蜜蜂幼虫的巢房，受害的蜜蜂幼虫到蛹期不能封盖或封盖后被蛀毁，造成白头蛹。

小蜡螟雌蛾寿命为 4～11 天，平均 6 天，可产卵 3～5 次，平均每次产卵 463.7 粒，幼虫上脾之后潜入巢房底部，吐丝连同自己的粪粒围成隧道，并沿其隧道蛀食巢房壁，使房中的蜜蜂幼虫和蛹受到伤害，蛹期形成白头蛹。

4.4.3 防治

防治蜡螟的主要措施是中断幼虫的寄生场所。但由于施药杀死蜡螟幼虫（简称巢虫）会影响蜂群，因此通常采用管理措施来达到减少巢虫危害的目的。

在蜂场日常操作中应经常收拾残留的各种废巢脾，及时化蜡。对抽出的多余巢脾，放进巢箱封闭后，用燃烧硫黄产生的二氧化硫熏杀，或用乙酸蒸气熏杀。乙酸蒸气对其幼虫、卵都有较强的杀灭能力。此外，将巢脾放入−7℃以下的冷库中冷却 5 小时以上，杀灭隐藏在其中的蜡螟幼虫和卵。

在夜间用糖与食醋以 1∶1 的比例放在蜂场空隙处，引诱蜡螟成虫前来吸食，并溺死在其中，这样也可以杀灭部分蜡螟。但白天必须及时收回，避免工蜂前来采食。

到目前为止，防治蜡螟的主要方法是及时清除箱底蜡屑，及时收藏好巢脾，熏杀巢脾中蜡螟的卵及幼虫。

4.5 绒茧蜂

4.5.1 症状

绒茧蜂是一种寄生蜂。被寄生工蜂六足紧扑于附着物上，伏于箱底和内壁，腹部稍大，丧失飞翔能力，螯针不能伸缩，捕捉时不蜇人。被寄生后蜂群采集能力下降，常出现缺乏粉及贮蜜现象。

据报道，在贵州山区蜂场夏季绒茧蜂寄生率高达10%左右，给蜂场造成严重损失。把寄生的工蜂捕捉放入试管中，不久绒茧蜂的老熟幼虫咬破工蜂的肛门爬出，10分钟后即吐丝结茧，经1.5小时结茧结束，形成白色茧绒。

4.5.2 防治

绒茧蜂10月中旬以蛹茧在蜂箱裂缝及蜡屑内潜藏越冬，次年5月才羽化出茧，寻找工蜂寄生。因此，在春季彻底清除蜂箱中的茧蛹是有效的防治措施。平时，若在蜂箱内发现绒茧蜂成蜂要及时捕杀，避免造成危害。

4.6 胡　　蜂

胡蜂是蜂群的主要敌害，会直接捕杀工蜂，严重影响蜂群的采集活动。

4.6.1 种类

胡蜂是社会性捕食昆虫，南方各省山区危害蜂群的胡蜂主要有：金环胡蜂（*Vespa mandarina* Smith，又名大胡蜂）、黄边胡蜂（*V. crabrol*）、黑盾胡蜂

(*V. bicolor* Fabricius)、基胡蜂（*V. basalis* Smith）和日环胡蜂（*V. mandarinia japlnica* R.）等，6～11月，胡蜂是蜂场的主要敌害。

胡蜂是由蜂后、职蜂和雄蜂组成的社会性生活昆虫，其中以职蜂数量最多。

多数种类在遮风雨、避光直晒的树杈上筑巢，也有的种类在屋檐下、土洞中筑巢。蜂巢为纸质、单层或多层圆盘状结构，顶端有一牢固的柄。由中央向四周扩展增大，有的种类将层间空隙用纸质封固，形成一个大包，只留一个巢门出口。

几乎全部胡蜂种类都在白天活动，晚间回巢哺育幼虫。气温13℃以上时开始活动，其最适宜气温为25～30℃，每日中午是活动高峰。

胡蜂虽然捕食蜜蜂，但是主要是捕食森林中各种害虫，是属于受保护的益虫。胡蜂喜到蜂场来还有一个重要因素，即其喜欢甜性物质，而蜂蜜是最引诱胡蜂的甜性物质，因此在蜂场中减少暴露的蜜迹是减少胡蜂危害的措施之一。

4.6.2 防治

将蜂箱的巢门改为圆形巢门，阻止胡蜂窜入箱内；人工捕杀，经常在蜂场中巡察，用蝇拍捕杀在蜂群前后的胡蜂；在蜂场中经常驱逐胡蜂，毁灭蜂场附近的胡蜂窝等。

4.7 痢疾病

痢疾病又称下痢病，是春季蜂群常见的非传染性疾病。

4.7.1 病因

在越冬期或者春季，工蜂食入发酵变质的饲料或者受污染的水而引起发病。

4.7.2 症状

患病工蜂腹部膨大，直肠中积获大量黄色的粪便，排泄出黄褐色稀便，具恶臭气味。发病工蜂失去飞翔能力，只能在巢门板上或前面爬行中排泄，而且常排泄后死亡。这点与正常排泄飞翔不同，健康工蜂是在飞翔中排出粪便。

4.7.3 防治

① 大黄糖浆：大黄 100 克，用水煮开加糖水 1 千克，喂蜂 20 框。

② 姜片糖浆：姜 25 克，加盐少许煮开，加糖 20 克，喂蜂 20 框。

③ 磺胺类药物、山楂水均有一定效果。

喂药每日 1 次，连喂 3～5 次。

4.8 蚂　　蚁

4.8.1 症状

各种蚂蚁都能够进入蜂箱干扰蜂群，虽然很难进入子脾圈内，但蚂蚁的入侵增加了工蜂驱逐蚂蚁的工作，干扰了工蜂的各种正常活动，所以应尽可能减少蚂蚁入侵蜂群。

4.8.2 防治

常采取的措施是用四根短木棍支起蜂箱，在木棍中段用透明胶膜缠绕一圈以阻止蚂蚁上爬至蜂箱中。此外，勤清除蜂箱中蜂尸、糖汁等，减少引诱蚂蚁的物质。

4.9 其他病虫害

4.9.1 鬼脸天蛾

鬼脸天蛾（*Acherontica lachesis* Fabricius）成蛾夜

间窜入蜂箱盗蜜，不能窜入时便在蜂箱周围扑打，骚扰蜂群。

主要防治措施：晚上缩小巢门，降低巢门高度，阻止鬼脸天蛾窜入蜂箱内。

4.9.2 马氏管变形虫病

王建鼎等（1986）发现在中蜂工蜂体内有马氏管变形虫（*Malpighamoeba mellificae* Prell），为一种阿米巴病原。

防治药物：用25毫克灭滴灵加60毫克柠檬酸配成糖浆，喷洒蜂及巢脾6次，即可起到100%防治效果。

4.10 农药中毒的预防和处理

农药的使用严重影响蜂群的安全。在春季油菜花期和荔枝花期，或农家小菜地，蜂群常受到农药危害；此外农家一些施用农药的工具混入蜂场使用也会引起蜂群中毒。因此，为了蜂群的安全，应注意预防农药中毒。

4.10.1 症状

工蜂农药中毒后，全身颤抖，在巢门前或者巢脾上乱爬，后足伸直，腹部向内弯曲，最后伸舌而死。当群内出现少数工蜂中毒死亡时，立刻引起周围工蜂的警戒。若具有一定数量的工蜂中毒死亡，就会引起其他工蜂飞逃而去。在野外采集花朵而中毒的工蜂多数死在途中或者巢门外。每隔七天检查蜂群时会发现有些蜂群的群势不但没有发展反而减少下去，这时应考虑可能是因周围蜜源施用农药，使大量工蜂中毒死亡。

4.10.2 预防方法

对于农药中毒的解救方法效果都不理想，主要靠预防。

4.10.2.1 统一协调农药的施放

对于在蜜源植物上施用农药应统一协调，采蜜后再施药，如荔枝花期应在采蜜蜂群离开后才施用农药。

对于农家小菜园中施用农药，应统一行动，通知养蜂户在用药当天及以后 1～2 天关闭巢门，不让工蜂出外采集。

4.10.2.2 严格保管农药及用具

应将养蜂用具单间存放，严格保护，使蜂产品及蜂具不受任何药物污染，避免误用盛过农药的瓶子、工具而引起的中毒事件发生。

4.10.2.3 及时搬离蜂群

对于在蜂场周围需要广泛施用农药，又无法协调统一的情况，应及时把蜂群搬到无农药的山林去躲避一段时间再回来。

第5章 选种育种

分布在我国各地的中华蜜蜂，由于受不同的气候条件和蜜粉源植物的长期影响，在个体特性和群体的性能上已具有不同的差异：如黄河以北的蜂群抗寒性能比南方强，不易发生飞逃，而海南的蜂群易发生飞逃；在抗蜂螨能力上，南、北中蜂群也有差异。这些差异为选育更优良品系提供了种质素材。但种内的各种差异，其幅度不会超过种间差异：如抗螨性能最差的中蜂品系也大大超过属于西方蜜蜂种的意大利蜂的抗螨能力。

饲养的各类畜种，都是经历长期选育而获得的。中蜂也必须通过选育，才能成为饲养的优良蜜蜂种。饲养在木桶等固定巢脾的蜂群无法进行选种、育种，依然属于野生种群，只能供参观使用，不能作为人工饲养的蜜蜂种。

在同一蜂场中，各群的生产性能都存在差异，甚至在同一蜂群中每只工蜂的主要经济性状指标也不同，其

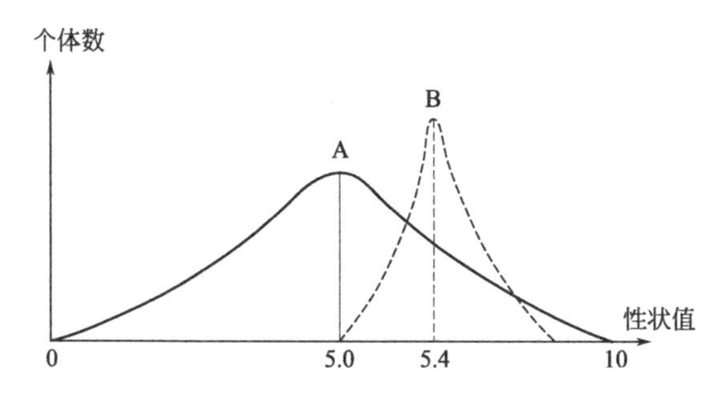

图 5-1　工蜂经济性状分布曲线示意图

A—选育前平均值为 5.0，变异度为 10 度；

B—选育后平均值提升到 5.4，变异度缩小为 4 度

数量分布呈正态曲线，如图 5-1 所示。

通过选育后提高了个体间性状的平均值，缩小了个体间性状值的差异。

因此，提高蜂群的生产性能，必须进行选种、育种工作。以饲养中蜂为主的地区，必须建立专门的育种场，向蜂农提供优质、高产的生产蜂王。

有的养蜂场认为：选育工作太费事，可从外地买蜂王来生产，其后代与本场雄蜂交配后，利用杂种优势提高产量。然而从外地购买的蜂王不一定适应当地生态条件，产量不一定高，其后代与当地雄蜂交配后性能可能严重分离，好坏不一，无法获得高产稳产。

通过选育工作，可以将同一蜂场蜂群的经济性状的平均值向前提高，同时缩小正态曲线的幅度，即缩小各群间同一性状的差异，从而提高生产性能。

应先根据本地蜂场生产的需要确定选育目标，再根据选育目标选择性状测定项目及方法。

选育工作可分三类，即本地蜂种选育、抗病选育、引进外地蜂种的选育。

选育工作是一项长期和细致的工作，必须长期坚持才会有成果。

5.1 本地蜂种的选育

蜂场建立后，就要注意对本地蜂群的选育，以提高工蜂的经济性状指标和蜂群的生产性能。许多养蜂者只是简单地选择强群育王，选择优质蜂王，而不做其他工作。这种选优方法效果很慢，而且常常使已出现的优良性能丢失，几年之后蜂场上蜂群的生产性能又回到原有的水平。

5.1.1 确定选育目标

选育目标的确定是开展本地蜂种选育的第一步。蜂场根据本地区生产的需要及本地品种独有的特性确定选育的目标，如一些地区的蜂群分蜂性太强，严重影响蜂群的生产效益，为了提高蜂群的生产能力就应降低分蜂性能，把选育目标确定在培育分蜂性能低的品系上。

选育目标不能确定太多，以一个目标为主，附带一些其他的经济指标。需根据选育目标选出测定的有关性状指标。目标制定后不能在选育过程中再改变。

5.1.2 经济性状的测定

5.1.2.1 经济性状的测定项目

(1) 工蜂　吻总长，前翅长、宽，第四背板突间距等（图 5-2）。

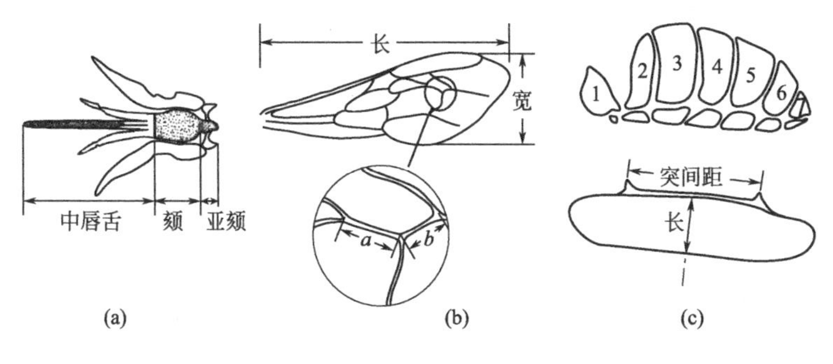

图 5-2　性状测定项目

(a) 吻总长；(b) 前翅长、宽、肘脉指数 (a/b)；(c) 第四背板突间距

(2) 蜂王　春季繁殖期平均日产卵量，产卵期。

(3) 蜂群　分蜂前群势（以千克蜂量计算），飞逃次数，发病率，单位蜂量产蜜量，越冬蜂量下降率等指标。

(4) 病害发病率　进行抗囊状幼虫病选育即春夏季检测蜂群囊状幼虫病发病率，10%～20%为最严重，5%～10%一般抗病，5%以下为抗病性强。

（5）生产性能　产蜜量，即单位蜂量的产蜜量；产浆量，以每次接受王台率及单台产量为指标。

5.1.2.2 测定方法

（1）形态指标

① 吻总长　从边脾捕捉青年工蜂，用沸水烫死后中唇舌伸直。用小镊子从口器基部把亚颏、颏和中唇舌一起拉出，摊平在载玻片上，用读数显微镜测量亚颏、颏和中唇舌的长度，其总和即是吻总长的数值。

② 前翅长　用小剪子从工蜂前翅基部把前翅剪下，注意必须紧贴胸躯下剪。测量的长度是从翅转折处到翅尖。

③ 前翅宽　测量从翅钩处到翅下垂部的宽度。

④ 第四背板突间距　把工蜂的第四背板取下，在载玻片上摊平后，移入读数显微镜下测量两个突起间的长度。

（2）经济性状　又称生产指标。

① 蜂王产卵量　用数码相机照下每张巢脾的封盖子脾占的面积，输入计算机，通过特定软件计算出结果。

或用方格测量框，每格 4.1 厘米×4.7 厘米（占 100 个工蜂巢房），测量出封盖子脾占的格数，由格数乘 100 求出 11 天前蜂王的产卵量（图 5-3）。

② 单位蜂量产蜜量　蜂量及产蜜量都以千克计算。以千克蜂量的产蜜量作为评定指标。

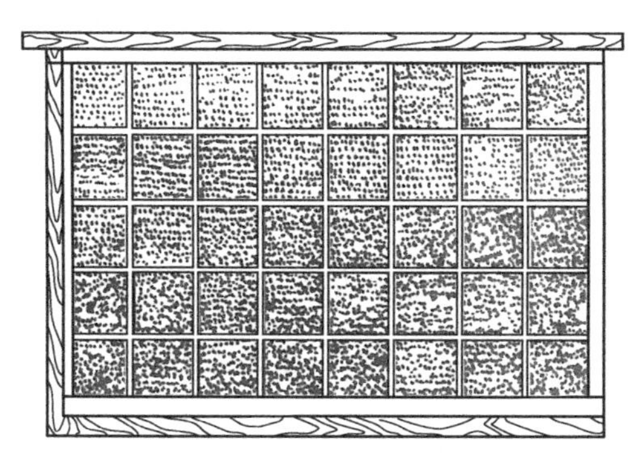

图 5-3　方格测量框

③ 平均单个王台产浆量　取 10 个已被接受 48 小时的王台，除去台中的幼虫，称重后取出王浆，再称台重，将两次称重数值相减后的数值，即为产浆总量。总量再除以 10，即求出平均单个王台产浆量。

(3) 发病率　以实际发病幼虫数乘 10 作为计算发病幼虫数。以健康幼虫数除以计算发病幼虫数，即求出发病率。

经济性状测定是选育工作中的鉴定手段。种王的确定、育种群的状况等都必须由经济性状测定来完成。蜂群的性状测定项目很多，因此必须根据选育目的的不同，选用不同的性状测定项目。测定工作是一项繁重的工作，不能测定过多指标，一般不超过四个指标。

确定测定项目要慎重，必须根据选育目标而确定，如以提高产蜜量为选育目的，则以工蜂吻总长、前翅长、分蜂前群势大小、单位蜂量的产蜜量四项为测定项目。

工蜂吻总长关系到能够采集花蜜的种类多少，前翅长关系到飞翔能力的强弱，这两项性状与工蜂采集能力密切相关。分蜂前群势大小，反映蜂王维持群势的能力，只有能够维持强群势的蜂群才能获得高产。单位蜂量的产蜜量直接反映蜂群生产能力。在通常情况下，通过测定前三项，便可鉴定种王及选育群。

5.1.3 确定种王群

对工蜂的吻总长、前翅长进行测定，每个样品测定50个工蜂，从中找出平均值最好的几群作为预备种王群。然后再测定预备种王群在主要流蜜期单位蜂量的产蜜量，观察各蜂王维持群势、春夏季囊状幼虫病发病状况。从中选出两群产蜜量高、维持群势强、不发病的蜂王作为亲代种王群。

确定两群亲代种王群后，即从它们中间选择种群移虫育王，每个种王培育的后代占全场蜂群数50%左右。

5.1.4 配种雄蜂

本场各群的雄蜂都可以与种王群中培育的处女王交尾。由于雄蜂在自然界中通过竞争交配，因此在蜂场上能与处女王交配的雄蜂是体格最健壮的雄蜂，病、弱的雄蜂在交配过程中被淘汰。但特别要防止自然界野生蜂群的雄蜂或其他蜂场的雄蜂掺入交配。这些雄蜂的加入会使选育工作前功尽弃。

5.1.5 闭锁集团选育

闭锁集团选育可以克服在选育种过程中由于近亲交配而导致蜂群生活能力的下降和二倍体雄蜂的增加。选育中，经二代之后，蜂场中的各蜂群之间都存在姐妹间的血缘关系，这些姐妹群的交配，在蜂群中实际上是母女交配，近交率很高。采用闭锁集团选育方法，雄蜂是集团中自由产生，以自由竞争方式获得与处女王交配的机会，有助于提高选育群的生活能力和缓慢近交率的提高。此外种用王从同代中产生，可避免顶交而减缓近交系数的提高速度，减少选育群中二倍体雄蜂的比例。

5.2 抗囊状幼虫病品系的选育

自 1972 年中蜂囊状幼虫病在全国蔓延以后，许多蜂场选用场内发病少的蜂群移虫育王，提高了子代蜂群的抗病性，成为防治囊状幼虫病的有效饲养管理措施之一。但是单纯选用抗病性强的蜂王育王无法得到抗病性能稳定的品系，几年后蜂场中又会暴发严重的囊状幼虫病。

抗病品系的选育，主要应从本地蜂群中选择抗病性强的蜂群作种用群。当一种病害暴发之后，留下少数能够抗病的蜂群，表明该群蜂王的基因存在一些抗病性的变异。这时采用闭锁集团选育方式，可以稳定并加强这种变异。为了确保每代种王确实的抗病性，采用人工感染方法进行检测。人工感染病毒浓度略低于自然感染的病毒浓度。每一代都选人工感染后发病少的种王传代，最终达到抗病性能稳定时，才真正选育成稳定的抗病品系。

5.3 引入外地品系的选育

从本地蜂群选育的品系，所得到的优良特性只局限于现存本地蜂群的特性，通过选育只能使其更明显和更稳定。然而本地蜂群的缺陷无法通过这种选育方法克服。一些本地蜂群没有的优良性状必须通过引入外地蜂群才能获得，例如广东的蜂群要获得抗寒性强、早春繁殖快的特性，必须从北方引入种王才能获得。

简单地购买外地蜂王来进行选育，往往是没有结果的工作。正确的做法应首先培育本地蜂群的近交系，形成稳定的近交系品系之后，再引入外地的近交品系，在隔离条件下杂交，并对其后代进行选择。通过近交品系间杂交后的子代，性状结合特别明显，分离后容易区分出不同特性结合的子代蜂群。选择子代中结合各种性状优良的蜂群作种王群，再与引入种王进行回交。这时引入外地品系的优良性状就会明显在后代中表现出来。在实施两个近交品系杂交过程中，除了隔离交配外，还可使用人工授精仪进行人工授精，以加速子代中优良性状的结合及稳定。

5.4 蜂王邮寄

蜂王邮寄是出售和获取优良种王的主要方法，也是最便捷的运输蜂王的途径。

5.4.1 邮寄王笼

仿照西方蜜蜂的邮寄方法邮寄中蜂蜂王常常导致蜂王的死亡。因此，必须采用以下邮寄方法：

使用带糖盒的木质或塑料王笼进行邮寄（图 5-4），王笼必须固定在邮寄盒中。木制王笼是由一块小木块制成，一般长 75～80 毫米，内有 3 个连通的圆形小室。每盒直径 20～22 毫米，深度约 12～13 毫米，其上钉有

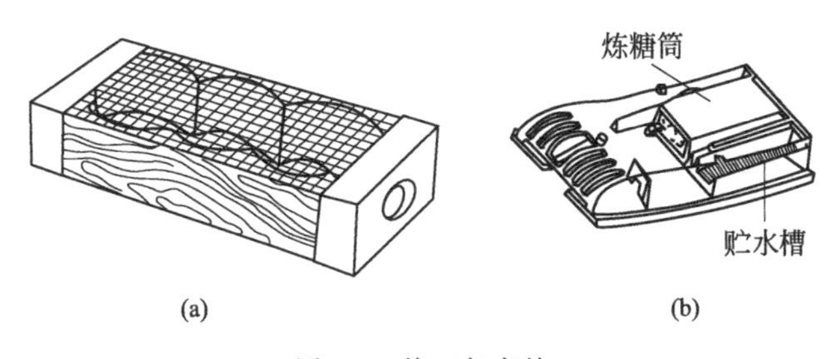

图 5-4 蜂王邮寄笼

（a）木制王笼；（b）塑料王笼

铁纱网，其中一侧室用熔化的蜡快速浸泡，冷却后装入炼糖；另一侧有一个7～8毫米小孔，供放入蜂王及7～8个侍从蜂后，小孔用蜡封严。这种王笼的优点是邮寄过程中不易被压破，缺点是捕捉蜂王时容易使蜂王受伤，此外不易把蜂王诱入新群中。塑料王笼也可邮寄，王笼内需用塑料小袋装炼糖，袋上留些小孔供工蜂取食。

5.4.2 炼糖的配制

5.4.2.1 冷制法

采用优质蜂蜜，逐渐加入经80目筛过的糖粉相揉和，直至不能再加糖粉为止。提炼后制成的炼蜜为乳白色，用塑料包封好放入冰箱中保存，使用时再启封。这种炼糖不易吸水或溶化。如果白砂糖粉过粗，制成的炼糖就很容易吸潮软化流出，粘住蜂王致死。

5.4.2.2 热制法

蜂蜜与白砂糖1∶3配好后放在锅中加热熔化，搅匀，冷却后即可使用。这种炼糖在湿度大的气候中容易吸潮溶化。

5.4.3 邮寄

5.4.3.1 操作

蜂王装入邮寄笼之后应立即邮寄，邮寄前再喂少许纯净水，然后把邮寄笼包封好装入信封，信封上扎些小孔，放进邮寄盒邮寄。

蜂王在有小孔的信封中封闭条件下可存活 7 天左右，因此必须立刻通知对方接收蜂王和准备蜂群。采用特快专递方式邮寄，3 天内蜂王可到达国内各大、中城市和县镇等地方，都在蜂王存活期之内，只要没有特殊情况蜂王都能存活。

5.4.3.2 邮寄王的诱入

邮寄笼到达之后，若是塑料王笼，可用绳把王笼挂在一天前除去蜂王的蜂群两子脾中间。几天后，蜂王会咬穿炼糖筒从缺口爬出而被工蜂接受。若是木质王笼即放在两子脾中间，一般 4 天后，笼内侍从蜂才与外群工蜂混同，这时才能把蜂王放出，过快地释放蜂王常引起围王及蜂王外飞现象。

第6章 蜜源植物和授粉

6.1 蜜源植物

凡是从花中分泌花蜜或从叶中分泌蜜露（花蜜）的植物，统称为蜜源植物。蜜源植物分泌的花蜜可被膜翅目的蜜蜂科昆虫采集，也可被鳞翅目的蛾类、蝴蝶类，双翅目的蝇类等昆虫采集，但主要被蜜蜂科昆虫采集。

我国的显花植物，除风媒花外，多数虫媒花的授粉都与中华蜜蜂有关。也就是说，中华蜜蜂是主要的授粉者。因此，从广义上说，在我国本土上几乎所有的能分泌蜜汁的显花植物都是中华蜜蜂的蜜源植物。

6.1.1 主要蜜源植物种类

6.1.1.1 山桂花

（1）分类与形态　柃，又叫山桂花（图 6-1），学

名 *Eurya*，山茶科柃属植物的总称。

图 6-1 江西山区的山桂花

世界上被定名为柃属的植物有 130 多种，我国已定名 80 多种。常绿灌木，高 1～2 米，偶尔能见到 10 米左右的小乔木。单叶互生，叶椭圆形，革质，雌雄异株，花数朵簇生于叶腋的短花序柄上，花冠白色或带浅黄色。雄花较大，雄蕊多数。雌花较小，柱头常分叉，子房上位。蜜腺位于雄蕊和子房基部。核果状浆果，近球形，直径 3～4 毫米，成熟时呈黑色。

山桂花种类很多，主要种类列入表 6-1，各种类在花蕊、花的形状、开花时期上均有差异。虽然在花的形态上有一些差异，但在晴日开花时，花朵都会散发出桂花一般的清香，故称为野桂花。但山桂花与桂花树是不同科的植物。

表 6-1　主要柃属蜜源植物种类表

种类	学名	主要特征	开花期	分布
格药柃	*E. muricata* Dunn	花白色或绿白色，1～5朵，腋生，萼片圆形，无毛	10月下旬至11月下旬	广东、江西、湖北、福建、四川、贵州、浙江、江苏、安徽
细枝柃	*E. loquaiana* Dunn	花白色，1～4朵，腋生，萼片卵圆形，长1.5～2毫米	11月上旬至11月中旬	云南、广东、广西、湖南、湖北、福建、四川、贵州
短柱柃	*E. brevistyla* Kobuski	雌花花瓣长2～2.5毫米，花柱极短，不及1毫米，花白色	11月上旬至12月中旬	云南、广东、广西、湖南、湖北、福建、四川、贵州
米碎花	*E. chinensis* R. Br	小灌木，高1～1.5米，花白色或黄绿色	1月中旬至2月上旬	云南、广东、广西、江西、湖南、湖北、安徽、台湾、陕西
黑柃	*E. macartneyi* Champ	无毛，花黄色，14朵，腋生，花瓣倒卵圆形，基部合生	11月上旬至11月中旬	广东、广西、江西、湖南、湖北、福建、四川、贵州、江苏、陕西
岗柃	*E. groffil* Merr	花白色、绿色、黄色，1～8朵，腋生，萼片卵圆形	11月至12月	云南、广东、广西、江西、湖南、湖北、四川
华南毛柃	*E. ciliata* Merr	树干、花、果实密生褐色长丝毛	12月下旬至次年1月	云南、广东、广西、湖北、贵州
微毛柃	*E. hebeclades* L. K. ling	叶柄有微毛，花白色，2～5朵，腋生，花瓣近圆形	1月中旬至2月上旬	广东、广西、江西、湖南、湖北、福建、四川、浙江、江苏
细齿叶柃	*E. nitiba* Kortbals	叶边缘有钝锯齿	11月中旬至下旬	广东、广西、江西、湖南、湖北、福建、四川、浙江、江苏

（2）生境与分布　柃属植物生长在冬季有霜期短、气候温暖湿润、酸性或中性土壤的生境中，分布在长江

以南的亚热带地区、海拔2000米以下的丘陵山区，其中在湖南、湖北、江西及福建、广东、广西北部山区是当地的优势种群，在南亚热带地区分布较少。

（3）开花期与泌蜜规律　从10月到翌年3月都有柃属植物开花，同种柃属植物有相对稳定的开花期，花期为10～15天。有许多种类的柃属植物共同存在的地方，开花期很长，可作为理想的采蜜场地。

柃属植物开花后并非都能泌蜜，生长在旱瘠土壤及低冷气温下同一山坡上的柃属植物开花但很少泌蜜。一般气温在12℃以上时柃属植物才能泌蜜，15℃时泌蜜最佳。由于柃属植物花期泌蜜受场地影响较大，养蜂员需多方考察才能确定场地。据观察，将蜂场安置在一个山坡上，较通风，采蜜量比300米外放在较低地势的无风蜂场减产40%以上。

柃属植物是南方山区秋季的主要蜜源植物。虽然不能年年稳产，但综合各地总产量每年都有100万吨左右。目前受到开荒造林的影响，天然柃属群落逐渐减少，产蜜总量日益下降。

6.1.1.2　**鸭脚木**

（1）分类与形态　鸭脚木又称八叶五加，学名 *Schefflera octophylla*（lour）Harms 鹅掌柴，五加科鹅掌柴属，常绿灌木或乔木，高2～15米，掌状复叶，小叶6～10片，椭圆形至长圆形，叶长7～17厘米，宽3～6厘米，全缘。大型圆锥花序，顶生，由伞状花序排成复伞状花序，花瓣5片，淡黄白花，雄蕊5枚，子房下位，淡黄色发达的花盘，蜜腺位于子房顶部。树干木质、轻、易燃。

同属有穗状鹅掌柴、球状鹅掌柴、海南鹅掌柴和星毛鹅掌柴，都是主要的木本蜜源植物。

（2）生境与分布　适于温暖而湿润的南亚热带气候，冬季无霜或具极短霜期，土层较厚的酸性土壤。分布在亚热带回归线附近的福建南部，广东中、北部山区，广西中部山区。

（3）开花期与泌蜜规律　开花期于10月中旬至翌年1月，花期一般为25～30天。单株的花期长，泌蜜量大。气温11℃时开始泌蜜，18℃以上是泌蜜最适温度。蜜为浅琥珀色，颗粒细，味微苦，是南方上等蜂蜜，深受东南亚各国的欢迎。在广东龙门、河源、从化等县采集此蜜源，进蜜很快，晴日可以全部取出，而且树龄越大泌蜜越稳定，受气候及外部条件影响小。鸭脚木的木质易燃，当地农民喜欢伐作燃材使用，因此常受人为破坏而影响当地冬蜜产量。

6.1.1.3　野坝子

（1）分类与形态　野坝子（图6-2）又名皱叶香薷，学名*Elsholtzia ragulose* Hemsl，多年生草本至灌木，高0.5～1.5米，小枝略呈四棱形，密被白色柔毛。叶对生，叶片卵形至长圆形，边缘具纯锯齿，叶面多皱纹。假穗状花序，顶生，花萼钟状，花冠白色至淡黄

图 6-2 野坝子

色，小坚果，卵形。

(2) 生境与分布 多生长在阳光充足的稀树草坡、沟谷旁或灌木丛间土层较厚的地段，呈片状群落，单株生长少。分布在云南北回归线以北、四川、贵州西南部。

(3) 开花期与泌蜜规律 一般是10～12月间开花，花期为30～40天，气温在8℃以上时开始泌蜜，17℃时最多。由于野坝子群落常聚集成片，意蜂也可以采蜜。因此中蜂采集此蜜源时，在后期要防止意蜂盗入，需提前搬出蜜源场地。

6.1.1.4 山乌桕、家乌桕

(1) 分类与形态 山乌桕学名 *Sapium discolor* (champ) Muell-Arg，大戟科乌桕属，小乔木或灌木。单叶互生，椭圆形，全缘，叶柄顶端有两个腺体能分泌蜜汁，叶柄浅褐色，折断后分泌乳白色液体。花序顶生，花单性，雌雄同序或仅有雄花。雄花布满整个花

序，只在基部有1～4朵雌花丛生。雄花6～7朵聚生于苞片内而成小聚伞花序，许多小聚伞花序形成穗状复花序，每个小聚伞花序的苞片外两侧各有一个绿色蜜腺。雌花柱头3个，子房卵形上位。种子双片成球形，外被白色蜡层。

与山乌桕同属的有乌桕，又称家乌桕，生长于低山区和路边旱作地周围，分泌蜜汁量大，是很好的夏季蜜源。

（2）生境与分布　山乌桕喜在向阳山坡、酸性土壤中生长。特别是砍伐后的荒山中山乌桕能迅速繁殖。其主要分布在冬季无霜或短暂的有霜期的亚热带地区，我国长江以南各省及台湾的山区。家乌桕比较适应在肥沃的土壤中，土壤含水量高。我国四川东部地区及贵州沿河、正安一带的旱地上保留了大片的家乌桕，其他省份已逐渐减少。

（3）开花期与泌蜜规律　开花期：海南4～5月，广东、广西、江西5月下旬至6月下旬，四川、贵州6月下旬至7月下旬，花期30～40天。最适泌蜜温度为28～30℃，蜜呈琥珀色。

在广东龙门县采山乌桕，进蜜快，但浓度较低，封盖后才能摇蜜。在四川彭水县采家乌桕，每群能采20千克以上。家乌桕蜜色比山乌桕深，易结晶。

6.1.1.5　荔枝

（1）分类与形态　荔枝，学名*Litchi chinensis* Sonn，无患子科荔枝属。栽培果树，乔木，高10～30米。树冠球形，偶数羽状复叶，互生。圆锥状花序，每序有花10～12朵，单花小，无花瓣。雄花的花丝长而外伸，雌蕊不发育而残存，外伸花盘蜜腺发育成凸起，呈淡黄色或橘红色。雌花的雄蕊花丝很短，花药不开裂，不散出花粉，子房发育正常上位。

(2) 生境与分布　生长于无霜期短的南亚热带地区。喜含水量高、腐殖质多的土壤，常与农作物相间种植。分布于福建南部、广东南部、四川南部及海南。同属的还有无患子树、黄皮等，均是优良的蜜源植物。

(3) 开花期与泌蜜规律　海南荔枝3月中旬开花，广东南部为5月初，福建南靖为5月中旬。荔枝泌蜜量大、花期长，是非常好的蜜源植物。但荔枝分泌的蜜汁含水量高，如果取蜜过勤，生产的蜂蜜浓度就会过低。荔枝花期粉源少，不利于繁育子脾。将蜂群置放在果园外周，工蜂能从各种粉源植物采到花粉，有利于蜂群的稳定及发展。采完荔枝之后过1个月可以转到山区采山乌桕。

6.1.1.6 枇杷

(1) 分类与形态　枇杷，学名 *Eriobotrya japonica* linelk，蔷薇科枇杷属，常绿小乔木。小枝上密生锈色或灰棕色绒毛。叶倒卵状披针形至长椭圆形，上部有粗锯齿，基部全缘。聚伞圆锥花序，顶生，各花梗密生绒毛，萼片5枚，密生绒毛，花瓣5枚白色，雄蕊多数，子房下位。蜜腺位于花筒内。果实黄色或橘黄色。同属有30多种，我国有13种。

（2）生境与分布　生长在气候温暖湿润、排水良好、腐殖质含量多的中性土壤地带，年平均气温12～15℃以上，年降水量100毫米以上的低山丘陵区。分布在长江以南各省，以浙江余杭、安徽歙县、福建莆田和云霄、湖北阳新、台湾台中县种植面积大，是冬季的主要蜜源。

（3）开花期与泌蜜规律　开花期在11月中旬到翌年1月，花期长达30～35日。气温11℃以上时开花，13～14℃时开花最多，15～16℃时泌蜜最佳。枇杷的花序由30～200只花朵组成，上部先开，后延续到基部。枇杷开花期在秋末冬初，气温变化大且寒冷，必须加强蜂群保温，工蜂在中午采蜜。枇杷花期有一种寄生螨类附在工蜂胸部背板上，影响工蜂飞翔活动，这时可用一些烟叶熏落附在工蜂体表的螨类。

6.1.2　春山花

从3月到5月，在长江以南各省山区，连续不断地盛开各种经济林木及显花植物，很难采到单一花蜜。由各种蜜源植物混合在一起的杂花蜜源称为春山花蜜源。

春山花蜜源植物种类繁多，一般以壳斗科、芸香科、蔷薇科、山茶科为主。虽然蜜源零星，但除供蜂群繁殖外，都有封盖蜜脾可供摇蜜。因此不能忽视春山花蜜源。在气候、水分等因素作用下，有些年份平常泌蜜量少的优势种，会出现大流蜜现象而获得单花蜜的丰收。以下列举一些可获得单花种蜜的蜜源植物：

6.1.2.1 米槠

米槠，学名 *Castanopsis carlesii*（Hemsl）Hayata，又叫小红栲，常绿乔木，壳斗科米槠属。高8～15米，单叶互生，叶片卵形，雌雄同株单性花，雄花序穗状，雌花单生，花浅黄绿色。生长在南方山谷、山坡杂木林中。分布在长江以南各省，以福建、江西山区为多。4月开花，花期10～15天。在前期雨水充沛而且天气闷热时，米槠泌蜜量大，一般下午1点30分之后才泌蜜，可生产单花种米槠蜜。

6.1.2.2 板栗

板栗，学名 *Castanea mollissima* Blume，栽培经济林木，落叶乔木，壳斗科板栗属。高达20米，单叶互生，叶片椭圆形。雌雄同株，单性花，雄花序穗状，多数。雌花生在雄花序基部，花浅黄色。

板栗分布在我国长江中下游和黄河中游各省。长江流域板栗4～5月开花，蜜琥珀色，稍带苦味。同属的还有茅栗（*Castanea seguinii* Dode）和锥栗（*Castanea henryi* Reha. et wils）。这两种栗主要生长在南方，流蜜比板栗丰富。气温在25℃以上，闷热天气条件下，板栗泌蜜量大，常生产单花种板栗蜜。

6.1.2.3 柑橘类

柑橘，属芸香科，学名 *Citrus* sp.，是我国南方重要的果树。常绿小乔木或灌木，枝具刺。单叶互生，叶片革质，披针形或卵形披针形，叶柄具小翼。花单生或数朵簇生于叶腋，花瓣白色或黄色。

柑橘分布在长江流域各省，3～5月开花，花期10～15天。柑橘花期天气多为阴雨天，不易采到蜜。但若遇几日晴天，能采到柑橘蜜。柑橘蜜呈浅琥珀色，芳香，属上等蜜。与柑橘同属的还有柚（*C. Grandis* L.）、甜橙（*C. sinensis* Osbeck）、香橼（*C. Medica* L.）等。南方各省普遍栽培，都可生产蜂蜜。

6.1.2.4 杜鹃

杜鹃，学名 *Rododendson rose* Bay，常绿或落叶灌木，杜鹃花科杜鹃属。叶互生，伞形花序或总状花序簇生于枝顶。花冠钟状、漏斗状，5裂，具各种色彩及斑纹。雄蕊5～25枚，子房5～20室。蒴果。除新疆以外，中其他各省（市、自治区）均有分布，以云南、四川、贵州、西藏各省（区）种类最多，群落集中。

杜鹃属植物种类多，能够提供蜜源的有大白杜鹃（*Rhododendron decorum* Franh）、露珠杜鹃（*Rhododendron irroratum* Franch），花期2～5月。杜鹃是西南各省春山花主要的蜜源植物，气温20℃时泌蜜，蜜呈浅琥珀色，结晶后呈黄白色，具清香味。

6.1.2.5 木荷

木荷，学名 *Schima superba* Gardn. et Champ，又称

偏荷枫，落叶乔木，山茶科木荷属。高10～20米，单叶互生，矩圆形，常出现一些深裂的掌形叶，似枫叶，故称偏荷枫。短总状花序顶生或单独腋生，花白色。

木荷广泛分布于长江以南山区，以江西北部、湖南南部为主要分布区。6月开花，属夏季蜜源植物。蜜深琥珀色，具药味。江西宜春山区每群蜂能采蜜10千克以上。木荷属植物在我国共有14种，均为蜜源植物。

能采到单一花蜜的蜜源植物的春山花除以上5种之外，还有许多特殊的蜜源植物以及一些有毒蜜源植物。各地养蜂员要考察蜂场周围各种植物开花及工蜂采集情况，采到一些不清楚蜜源种类的春山花蜜，不能食用及出售，以免发生有毒蜂蜜中毒事故。

6.1.3 秋山花

在秋季开花的分散蜜源植物，俗称秋山花。秋季的各种杂花也可采集蜂蜜，其种类主要如下：

6.1.3.1 香薷

香薷，学名 *Elsholtzia ciliata* Hyland，别名水荆芥、臭荆芥、野苏麻，唇形科香薷属。一年生草本植物，高30～50厘米，茎四方形。单叶对生，叶片卵状矩圆形或椭圆状披针形。轮伞花序组成偏向一侧的假穗状花序，花冠淡紫色或紫红色，蜜腺位于花冠内子房部。小坚果矩圆形。

香薷分布在秦岭以南半山区、山区。适应性很强，抗旱、耐寒、喜阳光、耐贫瘠，常生长在山坡、草地、田边、河边、空地和疏林下，垂直分布高度达 3400 米。南方 10～11 月开花，北方 9～10 月开花，花期 30～40 天。流蜜丰富，并有花粉。香薷属的其他种类植物，同样具有泌蜜现象，是南方山区秋季的主要蜜源之一。

6.1.3.2 野菊

野菊，学名 *Dendranthema indicum* L.，多年生草本植物，菊科菊属。茎直立，高 25～100 厘米。单叶对生，叶片卵形或矩圆卵圆形，具深裂。头状花序排成伞房状，花黄色，蜜腺位于花冠内子房基部，果较小。

野菊广泛分布在亚热带及南温带地区，适应性强，丛生于山坡、路边、沟旁、村缘。长江流域 10～11 月开花，花期持续 40～50 天。气温高时泌蜜好。在湖南、湖北等分布集中地区，一群蜂可产 5～10 千克蜜。

6.1.3.3 野香草

野香草，学名 *Elsholtzia cypriani* C. Y.，别名野香苏，唇形科香苏属。一年生草本植物，茎直立，高 40～100 厘米，假穗状花序，花冠淡紫色，蜜腺位于花冠内子房基部。

野香草分布在云南、贵州、四川、湖北、河南等省，多年生长在海拔 400～2900 米的林缘、路旁。9～10 月开花，花期 25～30 天。在云南、贵州野香草群落集中地，单群蜂可产约 10 千克蜜。一般只作一种零星蜜源采集。蜜呈浅琥珀色，具香味，不易结晶。

秋山花采单花种蜜的机会比春山花少，多为几种蜜源植物同时开花，一起供蜜蜂采集，故多为杂花蜜。

6.1.4 有毒蜜源植物

有毒蜜源植物分两类：一类是该植物的花蜜及花粉被工蜂采集回巢后对蜂群无害，而它的蜂蜜被人、畜食用后引起恶心呕吐、头昏，严重的引起心力衰竭而死亡；另一类是花蜜对工蜂幼虫有害引起工蜂幼虫死亡，而酿造的蜂蜜对人、畜无害。这两类有毒蜜源植物多数生长在长江流域各省，以华南、西南为多。多数在春夏之交或夏季开花，因此在春山花后期常会将有毒的花蜜混合进来。

云南双柏县当地一些村民曾因误食紫金藤花蜜而引起中毒。因食用蜂蜜而引起中毒的现象主要出现在中蜂生产区，养中蜂的养蜂员必须重视。

6.1.4.1 雷公藤

雷公藤（图 6-3）学名 *Tripterygium wilfordii* Hook. F.，藤状灌木，卫矛科雷公藤属。雷公藤高达 3 米，小枝棕红色，有 4～6 棱，密生瘤状皮孔及锈色短毛。单叶互生，宽卵形，长 4～7 厘米，宽 3～4 厘米。聚伞圆锥花序，顶生及腋生，被锈毛，花白绿色，长圆形。蜜腺袒露在花盘上，蜜呈深琥珀色，味苦且涩。花期6～7月。蒴果具三片膜质翅。分布在长江以南各省，生于山地林内阴湿处。同属的植物有紫金藤（*Tripterygium hypoglaum* Hutech），别名大青藤，主要分布在西南各省，云南7月中旬至8月上旬开花。

图6-3 雷公藤

6.1.4.2 断肠草

断肠草（图6-4），学名*Gelsemium elegans* Benth，马钱科胡蔓藤属，又叫钩吻、大茶药。常绿缠绕藤木，枝光滑，叶对生，卵形至卵状披针形，顶端渐尖，基部近圆形，全缘。聚伞花序，顶生或腋生，花淡黄色，花冠漏斗状，内有淡红色斑点。蒴果卵形，种子有膜质翅。开花期8～10月。分布在长江以南山区，以广东、广西、福建为主，生长于丘陵、疏林或灌木丛中。全株有毒，误食其叶茎1～3克后会出现睁不开眼、视物模糊、全身乏力而沉睡的症状。花粉有剧毒，人食用含有断肠草花粉的蜂蜜会发生严重中毒，甚至导致死亡。

图 6-4　断肠草

6.1.4.3 油茶

油茶，学名 *Camellia oleifera* Abel，别名茶子树，山茶科山茶属常绿灌木或小乔木，高 2～6 米，单叶互生，叶椭圆形或倒卵形。花单生或并生枝端，花冠白色。蒴果球形或心形。分布在南方丘陵山区，有野生树种及栽培树种。开花期 10 月中旬到 12 月中旬，花期长达 60 多天。油茶花泌蜜丰富，但只有到特别闷热的天气工蜂才上树采集，一般不采集。工蜂采集油茶花蜜，酿成饲料饲喂幼虫会引起幼虫死亡。有人研究认为，油茶花蜜中的半乳糖（galactose）含量高达 17.14%。半乳糖对人和哺乳动物是无毒的，而工蜂不能有效消化它，由含有半乳糖的蜜制成的蜂粮饲喂幼虫，会引起幼虫消化系统失调而导致死亡。

6.1.4.4 茶树

茶树，学名 *Camellia sinensis* O. Kunlge，是广泛分布在南方的野生树种，后经人工栽培成为一种经济作物。山茶科茶属常绿灌木。叶互生，椭圆状披针形至侧卵形。白花 1～4 朵，腋生聚伞花序，蒴果。适合于年平均气温 15～20℃，降水量 1000 毫米以上含腐殖质高的红土壤中种植。

茶树分布在长江流域山区，9～10 月开花，在气温高达 25℃时流蜜，蜜呈琥珀色。茶花蜜中含有半乳糖，占总糖量的 4%。同油茶花蜜一样，其会导致工蜂幼虫死亡，对蜂群正常发展有一定影响。

6.2 温室授粉

6.2.1 北方冬季温室

直接将蜂群引入冬季温室，常发现工蜂顶撞透明棚壁，而且死亡很多。所以普遍认为中蜂不适合温室授粉。把中蜂引入温室授粉必须经过以下操作：

6.2.1.1 清除出巢外勤蜂

把外勤的工蜂清除到其他群中，只将巢内工蜂及蜂王移入温室（图 6-5）。

图 6-5 北方温室草莓授粉

6.2.1.2 引导饲喂

将温室内作物的花朵浸泡的糖水饲喂引入蜂群，称为引导饲喂。其作用是引导移入温室的蜂群，熟悉温室内的开花作物。

6.2.1.3 改造蜂箱

蜂箱的一面用透明玻璃制成，使巢内工蜂习惯在有光条件下正常活动。

6.2.1.4 控制群势

群势不要太强，但蜂王质量要好，能够在有光条件下正常产卵。

当蜂群已习惯在温室条件下活动时，工蜂授粉的效果优于意大利蜂。在使用蜂群为温室授粉的过程中，要注意群内饲料状况，缺饲料时应及时饲喂。蜂群发展后及时加框造脾。

6.2.2 南方冬季大棚

长江流域一带，冬季气温在－4～10℃范围内波动，在自然环境下种植草莓效率很低。近年来，在江西、湖南、浙江农村采用塑料大棚在冬季发展草莓种植业，这种塑料大棚封闭性差，没有人工加热设备，棚内温度常在10℃以下。由于工蜂能在10℃以下飞翔采集，能为大棚中的草莓授粉，且取得了显著的增产效果。具体操作如下：

6.2.2.1 立支架

在大棚中央立一支架，将蜂箱放置在上面，打开巢门。

6.2.2.2 奖励饲喂

若群内存蜜不多，可进行奖励饲喂，刺激工蜂出勤。

6.2.2.3 早春开大棚上部

早春早油菜开花时，将大棚上部打开，让工蜂飞出大棚采集周围的早油菜，能促进蜂群繁殖。或者把蜂群移到大棚外面，让工蜂飞入大棚去授粉。

第7章 产品及其加工

中蜂群可生产的产品是蜂蜜、花粉、蜂蜡、蜂毒、王浆。但当前进入市场流通的产品只有前4种，王浆还处于开发阶段。

7.1 蜂　蜜

蜂蜜自古以来就是中蜂的主要产品。中蜂生产的蜂蜜品种除单花种蜜外，杂花蜜占很大比例。此外还生产一些有一定理疗作用的药用蜜。

7.1.1 分离蜜

7.1.1.1 春蜜

4～5月生产的蜂蜜统称春蜜。其主要种类有：

（1）荔枝蜜　浅琥珀色，具清香味，但普遍含水量过高，不易保存，浓缩后才能进入市场。优质荔枝蜜是上等蜜。其主要产区在福建、广东、广西、海南。

（2）油菜花蜜　长江以南春季主要蜜源。中蜂场需与意蜂场保持 500 米以上的距离。花期末，中蜂需提前撤离，以免发生意蜂盗中蜂事故。其主产于浙江、江西、广西、四川、云南。

（3）春花杂蜜　由春季各种开花植物的花蜜酿造而成的杂花种蜜。有些年份，在某些地方会采到以单一植物为主的单花蜜，这时，根据当时的开花植物确定生产的蜜名称。春花杂蜜产量很高，是南方山区蜂群生产的主要品种。多数春花杂蜜呈琥珀色至深琥珀色，易结晶，无香味，主产于长江流域各省山区。

7.1.1.2　夏蜜

6～8 月生产的蜜统称为夏蜜。其主要种类有：

（1）乌桕蜜　由山乌桕或乌桕花蜜酿造而成。琥珀色或深琥珀色，易结晶，无香味，蜜质较差。山乌桕蜜较稀，常出现假封盖成熟现象。后期进入度夏期，群内必须留足饲料。其主要产地在广东、福建、湖南、四川、贵州。

（2）荷枫蜜　由木荷枫的花蜜酿造而成。深琥珀色，无香味，但有一定的药理作用，可缓解头痛、关节痛。其主要产地在江西北部。

（3）荆条蜜　黄河以北的荆条花期，中蜂与意蜂同区采蜜。后期中蜂场必须先撤离，不然到花期末期意蜂会毁灭中蜂。

(4) 夏花杂蜜　我国南方夏季开花蜜源植物较少。有些年份在一些地方，平常流蜜少的种类流蜜量增加，形成单种蜜。在湖北神农架猕猴桃7月开花，曾采集到猕猴桃蜜。在黄河以北山区，6～7月除荆条蜜源外，还有许多蜜源植物开花，如楸树、椿树等，蜂群都能够采集到杂花蜜。

7.1.1.3　有毒蜂蜜

常见的有毒蜂蜜有雷公藤蜜、断肠草蜜。在云南、广西、湖南、广东等山区的雷公藤、钩吻等花期，其蜜有毒不能食用。可作蜂群的饲料，放置一年后才能试食用。

雷公藤蜜食用后，有苦涩味，中毒症状表现为：剧烈腹痛，上吐下泻，胸闷气短，血压下降，休克并因心脏衰竭而致死。经测定其中引起中毒的物质是雷公藤酮、雷公藤碱等。

鉴别方法：

花粉鉴别法，首先从野外取雷公藤属植物的花粉，加水离心后取少许放在载玻片上整体封片，作为对照。如果已有雷公藤的花粉图谱即用图谱识别。其次取蜂蜜25毫升加热水50毫升混合溶化后，3000转/分离心，去上清液取底部花粉，放在载玻片上，用400倍显微镜观察花粉表面纹节与对照相比而鉴别出蜜源种类。如果用图谱识别，即须将花粉放在冰醋酸中浸泡24小时，经2000转/分离心以后，取沉淀再倒入醋酸酐与硫酸混合液（醋酸酐：硫酸＝9：1）浸泡加温后，取出花粉检查，若发现花粉内含物已除去，外壳纹饰清楚，即用水清洗后离心，取沉淀的花粉放入载玻片中鉴定其外壳花纹与图谱对照以鉴别出有毒种类。

据观测：雷公藤花粉黄色，扁球形，极面观为三裂或四裂（少数）圆形，直径25～32微米，具三孔沟，孔横长，表面具网状纹饰。另一有毒蜜源植物钩吻的花粉呈球形，直径31～35微米，具三孔沟，孔横长，表面具网状纹饰，如图7-1所示。

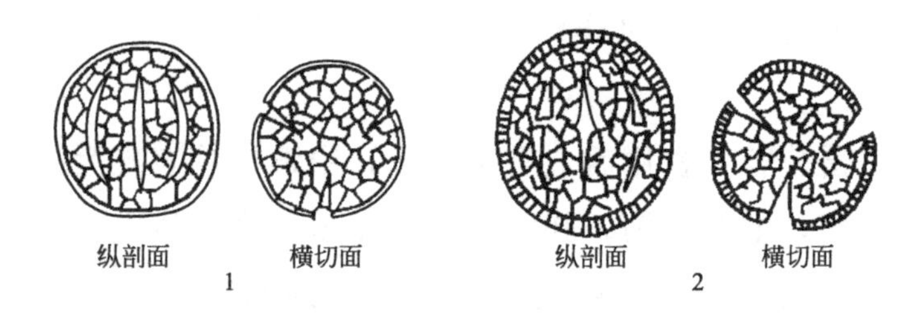

图7-1 有毒蜜源植物花粉外壳

1—雷公藤；2—钩吻

7.1.1.4 秋、冬蜜

9～12月生产的蜂蜜统称为秋、冬蜜。主要单花种蜜的品种有：

（1）野桂花蜜　由柃属的花蜜酿造而成。浅琥珀色，具清香味，结晶细腻，结晶后呈水白色，被称为“蜜中王”，无污染，深受国内外客商喜爱。其主要产地在江西、湖南。

（2）鸭脚木蜜　由八叶五加的花蜜酿造而成。水白色，结晶细腻，味微苦，具特殊清香，在东南亚各国很受喜爱。其主要产地在福建南部、广东。

（3）野坝子蜜　由野坝子花蜜酿造而成。水白色，易结晶，结晶较粗，结晶后凝成块状，具特殊清香。其主要产地在云南、贵州。可出口东南亚。

（4）枇杷蜜　由枇杷花蜜酿造而成。浅琥珀色，味芳香，一般不结晶，系优质蜜。其主要产地在海南、广东、浙江、江西。

（5）秋花杂蜜　由秋季各种杂花花蜜酿造而成。琥珀色，易结晶，没有清香气味。其主要产地在云南、贵州、湖南、湖北、四川、陕西南部。

7.1.2 巢蜜

巢蜜是一种具蜂巢的蜂蜜，保留天然特色，深受消费者喜爱。在西方蜜蜂养殖中早已生产，但西方蜜蜂的巢蜜蜂胶气味太浓，影响市场消费。中蜂巢蜡纯白，无味，能生产出质量好、气味纯正的巢蜜。我国 20 世纪 80 年代初在广东惠州曾生产中蜂巢蜜，但因无法清除潜伏在巢蜜中的巢虫卵，一段时间后，巢虫卵孵化成幼虫便使巢蜜无法出售。因此，生产巢蜜必须采用辐射除虫，解决巢虫危害问题。

7.1.2.1 工具

（1）巢蜜格（图 7-2）　用薄木板或无毒塑料制作

而成的框格，多数是用无蜂路方框格。巢蜜格大小，可以根据巢框大小自行确定。

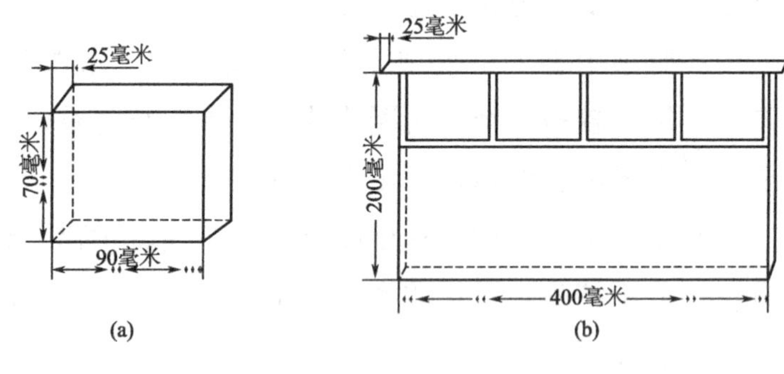

图 7-2　巢蜜格生产设置

(a) 巢蜜格；(b) 巢蜜格在巢框上安装的位置

（2）装格巢框　把巢框在距离上梁 7.2 厘米处钉一个与上梁平行的 1 厘米×0.6 厘米的木条作中梁，中梁上安装巢蜜格。

（3）箱底饲喂器　用薄木板或塑料制成 25 厘米×28 厘米×2.5 厘米的浅饲喂器，在加工过程中盛蜜使用。

7.1.2.2　加工程序

（1）造基础脾　将巢础安装在巢框中让蜂群在其中造成浅巢脾后，再按巢框大小切开安装到框内。

（2）饲喂　把波美度 37～38°Bé 的蜂蜜盛放在框式饲喂器，饲喂蜂群，直至巢蜜封盖为止。

（3）加固　巢蜜开始封盖时，改喂加少量醋酸的蜂蜜（按每千克蜂蜜加 0.5 克醋酸），使巢蜜封盖面结白加固。

（4）装盒　将封盖好的巢蜜装入巢蜜盒，封闭后放入^{60}Co放射源中放射消毒，杀死其中的巢虫卵，使用^{60}Co的放射量需经过试验后确定，以能杀死巢虫卵为准。

（5）贴商标　消毒好的巢蜜贴上商标后即可出售。如果出售单位有冰箱，即保存在冰箱冷藏室为好。

（6）瓶装巢蜜　未消灭巢虫的巢蜜，可切成块状浸在蜂蜜中瓶装出售。

在巢蜜销售过程中如发现巢虫幼虫及溢出蜂蜜、发酵等现象可取回再生产巢蜜。荔枝蜜、山乌桕蜜、春山花蜜都适合再加工成巢蜜出售。

7.1.3 蜂蜜的浓缩

在天然蜂蜜生产过程中，已将空气中及花粉中附着的酵母菌渗进去。蜂蜜中含水量低于20%，即波美度41°Bé以上，或者放置在12℃以下的低温中，酵母菌难以繁殖。如果蜂蜜中水分高于20%，又在常温下，蜂蜜中的酵母菌就会大量繁殖而导致蜂蜜产生气泡、变酸。

春季、夏季生产的多数蜜种含水量常高于20%，有的甚至高达25%，极易发酵，无法长期保存。为了使蜂蜜长期保鲜不发酵，需进行以下加工浓缩：

7.1.3.1 热风脱水

蜜脾常是上半部封盖，下半部未封盖，未封盖部分含水量较高，因此，使摇出蜜含水量较高。为了降低蜜脾的含水量，使用热风脱水处理，具体做法如下：在室内将蜜脾悬挂在架上，用约38℃的热风吹24小时以上。经热风吹后，使未封盖的蜜脾失去部分水分，提高摇出蜂蜜浓度。

7.1.3.2 真空薄膜浓缩机

市场上各种类型的真空薄膜浓缩机，用来加工处理蜂蜜能使蜂蜜中的含水量低于20%。真空薄膜浓缩机工作原理是把蜂蜜加热到50～60℃溶化，通过真空吸力把部分水分从膜中滤出，减少蜂蜜中的含水量。但通过浓缩加工后，严重地破坏了蜂蜜中各种有机物组分，失去了蜂蜜的营养价值及特殊清香味。

7.1.4 蜂蜜的发酵

蜂蜜中含酵母菌，在温湿度适宜的条件下，酵母菌迅速生长繁殖，分解蜂蜜中的一部分糖分，产生乙醇和二氧化碳，这就是蜂蜜的发酵。发酵的蜂蜜，绝大多数是不成熟的含水量过高的低浓度蜂蜜。发酵后，不久就变酸、变质，在表面产生越来越多的泡沫，使蜜汁溢出容器表面。在发酵过程，酵母菌分解蜂蜜中的糖分，产生醋酸和水，其反应式如下：

$$C_6H_{12}O_6 \longrightarrow C_2H_5OH + CO_2\uparrow$$（酵母菌作用下）

$$C_2H_5OH[O] \longrightarrow CH_3COOH + H_2O$$（醋酸菌作用下）

蜂蜜桶装后，会吸收空气中的水分，导致蜂蜜含水量升高而发酵。因此，不要装得太满，应留有适当的空隙，以免受热或发酵膨胀而使蜜桶破裂，造成损失。

发酵的蜂蜜，要及时采取隔水加热的方法进行处理。通常加温到62.5℃，保持30分钟，即可杀死酵母菌。冷却后，除去上面的泡沫，再装桶，保存。

严重发酵的蜂蜜，是变质的蜂蜜，不能作商品蜜出售。

7.2 蜂 花 粉

工蜂从植物上采集的花粉由后足梳理成团，并在花粉中加入了一些花蜜和唾液，以使花粉团不易松脱，这种花粉团称蜂花粉。蜂花粉和植物花粉中主要成分相同，只是蜂花粉中含有蜜蜂的一些其他物质，两者均可供食用和药用。

7.2.1 干燥处理

工蜂刚采回的鲜花粉团含水量约20%～30%，在常温下很快发酵变质。变质发霉的花粉不能食用，而且还会侵蚀同袋储存的其他花粉，使其迅速变质。

蜂花粉还可能带有一些虫卵，在适当的温湿度条件下，虫卵孵化会破坏花粉，因此，必须对花粉团进行及时处理。少量花粉团可薄层摊放在干净的纱盖或特制的大面积细纱网上，置于通风处阴干，花粉层厚度约1厘米，至少12小时搅拌翻动1次。如置于阳光下晒干须在花粉上覆盖一层布，以防紫外线直射而破坏花粉营养成分，同时也避免苍蝇等污染和工蜂的采集。

使用吸湿剂硅胶干燥花粉，简便易行，即将蜂花粉和硅胶分层交替放在密封的容器中进行干燥。这种方法比在露天干燥快，不必加热，且可避免各种污染，营养成分损失最少。

远红外花粉干燥箱是专用的干燥工具，使用方便。也可采用真空干燥、微波干燥、真空冷冻干燥技术等。经干燥的蜂花粉应清除混在其中的杂物，过筛，使颗粒大小分开，并去掉混杂物。生产纯花种花粉，须清除杂色花粉。

干燥洁净的花粉含水量在6%以下，用拇指和食指搓捏成粉末状，若捏成扁平状则表明干燥不足。

7.2.2 包装

用双层塑料袋包装蜂花粉，外加编织袋或布袋保护。包装外标明名称、皮重、花种、包装时间、产地、生产和经营单位，放置于−18℃冷库中1～3天，以杀死可能存在的蜡螟虫卵和其他虫卵，或者用^{60}Co辐射灭菌后置于室内凉爽处储存。经干燥和灭虫处理的蜂花粉适用于作食品、制药和日用化学工业的原料。

7.3 蜂　蜡

中蜂蜡是一种优质蜂蜡，用于中药的包装、食品包装、化妆品及提取植物生长剂等，比西蜂蜡用途广。

7.3.1 中蜂蜡与西蜂蜡的感官鉴别

7.3.1.1 色泽

中、西蜂蜡的颜色大体上是一致的，有乳白色、鲜黄色、黄色、棕褐色等。但是西方蜜蜂采集蜂胶，蜡中含有蜂胶成分，特别是从旧巢脾中提取的蜡，表面具不同程度的呈青绿色、绿褐色到棕褐色的蜂胶。而中蜂不采集蜂胶，没有青绿色或绿褐色的颜色出现。

7.3.1.2 断面结构

打开蜡块，中蜂蜡断面整齐，结晶细腻，色泽鲜艳，无白色颗粒状。西蜂蜡断面整齐，结晶相对粗糙，有松散感，有少量的白色颗粒状物。用拇指推断面，能推出少量与蜡颜色相同的粉状物。

利用旧巢脾提取的蜡，断面色泽灰暗。

7.3.1.3 外表光泽

中蜂蜡一般表面凸起，有波纹，无光泽，常呈小块状。西蜂蜡表面凸起，有波纹，起色则比较亮。

蜂蜡经储藏后表面常常有一种白色的粉状物——蜡被，把蜡被擦掉，存放一段时间后又产生出来。

7.3.1.4 手感

中蜂蜡在常温下（25℃）不粘手，质硬，用拇指推蜡表面有滑感，蜡块相撞声较脆。西蜂蜡含有蜂胶，质软，黏性大，蜡块相撞声闷哑，常温下手推或握蜡块有黏性。

中蜂蜡广泛应用于中药包装、食品包装、化妆品及提取植物生长剂等，相较于西蜂蜡，其用途更广泛。

7.3.2 中蜂蜡与西蜂蜡的组分差异

通过气相色谱分析测定，中蜂与西方蜜蜂的意蜂、高加索蜂的蜂蜡中几个主要组分的结果见表 7-1～表 7-3。

表 7-1 蜂蜡分析结果（烃的含量） 单位：%

蜂种	碳数															总含量
	23	24	25	26	27	28	29	30	31	32	33	34	35	36	37	
中蜂	0.21	0.07	1.3	0.13	5.9	0.07	1.4				0.53	0.13	4.1	0.06	0.67	14.6
意蜂	0.28	0.10	0.85	0.11	3.3	0.10	2.1	0.08	2.57	0.05	2.79		0.24			12.6
高加索蜂	0.27	0.09	0.84	0.09	3.08	0.07	2	0.07	2.53	0.05	2.73		0.21			12.0

表 7-2 单酯的含量 单位：%

蜂种	碳数						总含量
	40	42	44	46	48	50	
中蜂	0.69	0.67	4.4	21.1	5.9	0.76	33.5
意蜂	6.5	4.6	5.3	12.0	10.7	2.9	42.0
高加索蜂	6.1	4.4	5.9	13.2	12.2	2.6	44.5

表 7-3 游离酸的含量 单位：%

蜂 种	碳数							总含量
	22	24	26	28	30	32	34	
中 蜂				0.51	1.1			1.6
意 蜂	0.14	3.6	0.91	0.91	1.0	1.0	1.5	9.0
高加索蜂	0.20	3.5	1.0	1.0	1.0	1.0	1.4	9.1

注：徐景耀提供的数据。

从结果分析得出：烃类由 C_{23}～C_{37} 组成。中蜂蜡的烃含量为 14.6%；意蜂、高加索蜂蜡的平均烃含量为 12.3%。中蜂蜡碳数为 27 和 35 的烃占比例较大；而意蜂、高加索蜂蜡不同碳数的烃分布较均匀。

单酯类由 C_{40}～C_{50} 链长的单酯组成，中蜂蜡的单酯含量为 33.5%；意蜂、高加索蜂蜡的平均单酯含量约为 43%。中蜂蜡的单酯主要是四十六酯，占单酯类的 63%。

游离酸类由 C_{22}～C_{34} 链长的游离酸组成。中蜂蜡游离酸含量为 1.6%，意蜂、高加索蜂蜡的平均游离酸含量约为 9%。中蜂蜡的游离酸含量很低，并且只有碳数为 28 和 30 两种游离酸；意蜂、高加索蜂蜡的游离酸的根据其碳数包括 C_{22}、C_{24}、C_{26}、C_{28}、C_{30}、C_{32}、C_{34} 7 种。

附录1　中华蜜蜂十框标准蜂箱

本标准适用于全国各地饲养中华蜜蜂（简称中蜂）使用。

1　中蜂十框标准蜂箱的结构和规格

中蜂十框标准蜂箱由巢箱、巢框、浅继箱、副盖、箱盖组成，各部位的尺寸规格如下：

1.1　巢箱

内围长440毫米、宽370毫米、高270毫米，板厚20毫米。两侧壁后下方各有3～5个圆孔巢门。前、后壁内面中央留有宽12毫米、深3毫米的浅槽，供隔离板插入。前壁下沿有两个长120毫米、宽20毫米的缺口，前面插入一块长386毫米、高50毫米、厚15毫米的巢门板，该板一边开10圆孔巢门，另一边开两个长60毫米、高10毫米的舌形巢门，后壁上部开有两个80毫米×110毫米的铁纱窗，并各有一块100毫米宽可左右移动的木板供开闭。整个箱体外围上沿加保护条，条宽20毫米、高25毫米。

1.2　巢框

外围长420毫米、高250毫米；上梁宽25毫米、厚20毫米、长456毫米；框耳长28毫米；边条长240毫米、宽25毫米、厚10毫米；下梁长400毫米、宽15毫米、厚10毫米。上梁底面不留巢础沟，隔板的尺寸与巢框外围一致。

1.3 浅继箱

内围高135毫米、宽370毫米、长440毫米，板厚20毫米。浅继箱巢框外围长420毫米、高125毫米。上梁厚15毫米、长456毫米、宽25毫米（各地可根据群势状况灵活采用）。

1.4 副盖

副盖分板盖和铁纱盖两种，大小与箱体外围尺寸一致。板盖由A、B两块组成。

1.5 箱盖

内围长490毫米、宽420毫米、高85毫米，板厚15毫米。箱盖里面的四角附钉上一块长40毫米、宽和厚均为20毫米的木板。或在前、后各钉一条长420毫米、宽和厚均为20毫米的木条，使箱盖浮搁在副盖上。箱盖上面加钉镀锌铁皮或油毡。两侧各有两个长100毫米、高20毫米的舌形通风口。

2 中蜂十框标准蜂箱设计图

2.1 中蜂十框标准蜂箱

中蜂十框标准蜂箱见附图1。

技术要求：

a. 所用的木材需经干燥处理以防变形。

b. 标准蜂箱加工完后应涂以白色油漆。

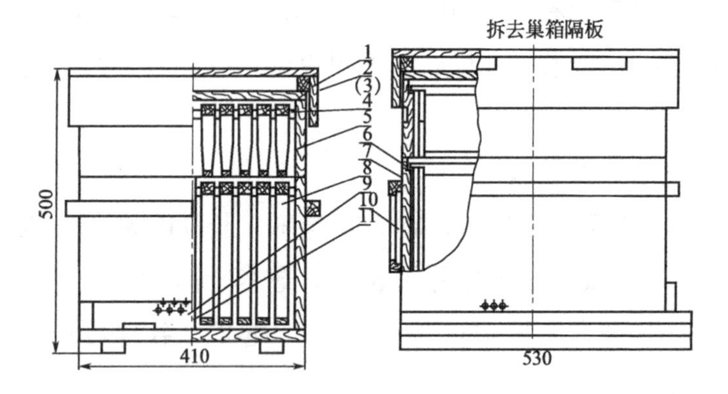

附图 1　中蜂十框标准蜂箱（单位：毫米）

1—箱盖；2—副盖；3—纱盖；4—浅继箱巢框；5—浅继箱；6—铁压条；7—巢箱；8—巢箱巢框；9—巢门板；10—纱窗拉门；11—巢箱隔板

c. 所用木材可用泡桐或类似木材代替。

2.2　箱盖

箱盖见附图 2。

技术要求：

a. 箱盖应平整不得歪曲扭斜。

b. 箱盖上钉牢一层 0.3 毫米厚马口铁板。

c. 四个舌形孔对称，舌形巢门应转动灵活。

d. 箱帮为榫接，榫头尺寸 15 毫米×15 毫米，顶板及木条用铁钉钉合。

2.3　副盖

副盖见附图 3。

技术要求：

a. 木材要经干燥处理，制作平整不得翘曲。

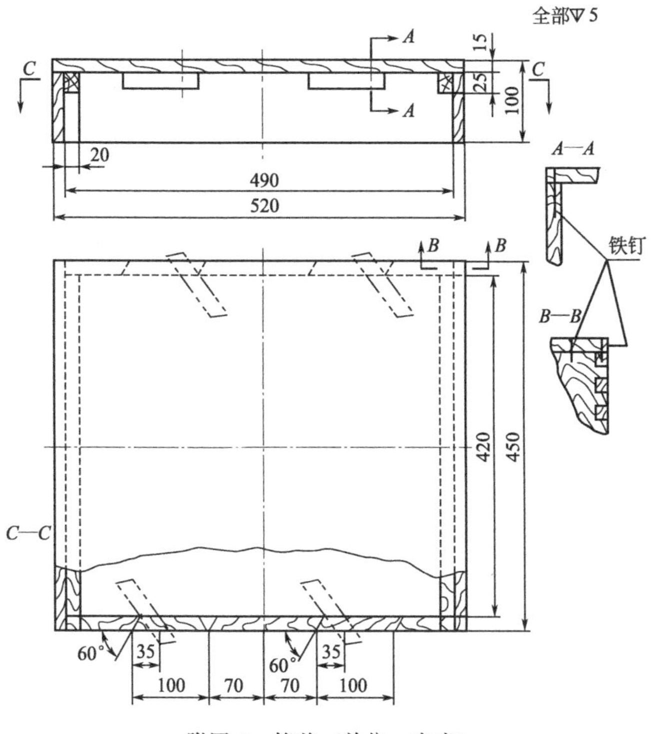

附图 2 箱盖（单位：毫米）

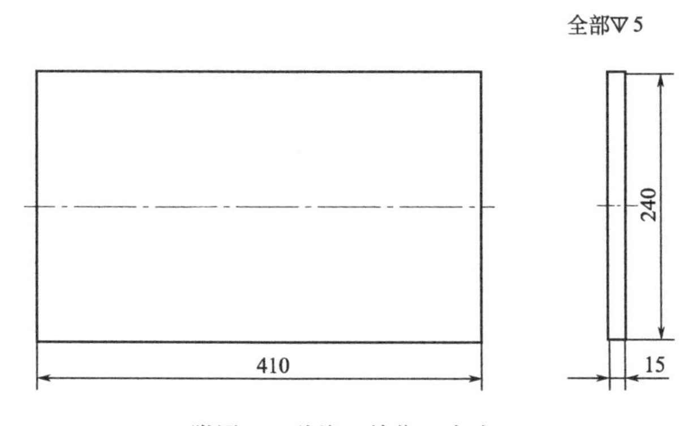

附图 3 副盖（单位：毫米）

b. 去棱角。

2.4　纱盖

纱盖见附图 4。

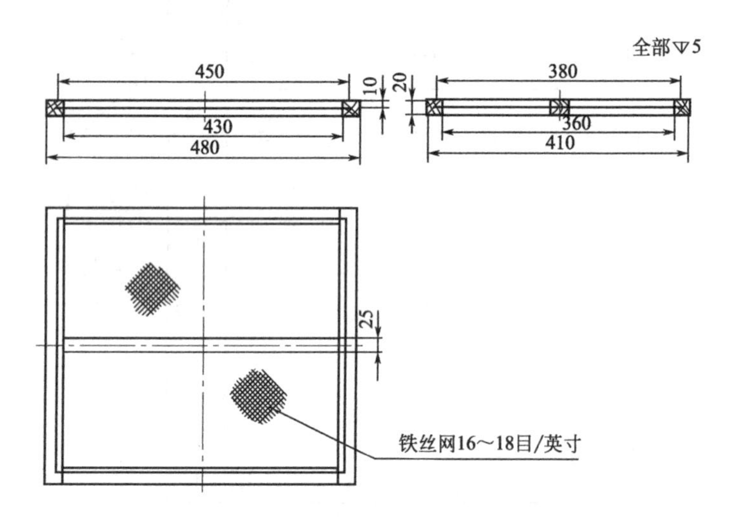

附图 4　纱盖（单位：毫米）

技术要求：

a. 木材要经干燥处理。

b. 制作平整不得翘曲，四框以铁钉钉合。

c. 铁丝网以 360 毫米×10 毫米×10 毫米，450 毫米×10 毫米×10 毫米木条用铁钉固定。

2.5　浅继箱巢框

浅继箱巢框见附图 5。

技术要求：

a. 巢框放入继箱内，应移动平滑无阻。

b. 四框用铁钉钉合。

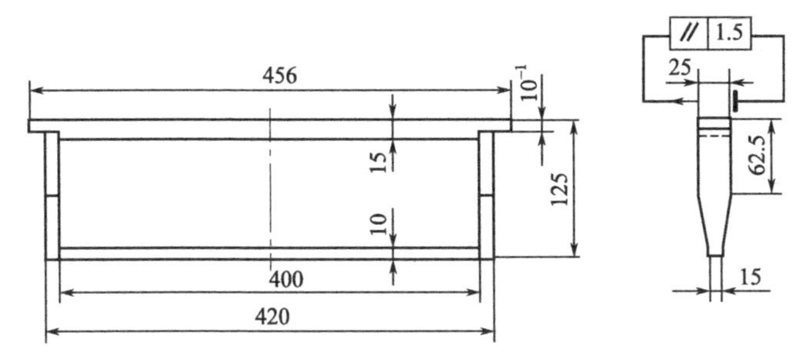

附图 5　浅继箱巢框（单位：毫米）

2.6　浅继箱

浅继箱见附图 6。

技术要求：

a. 放置巢框的铁压条用铁钉固定。

b. 四框为榫接，榫头尺寸为 20 毫米×20 毫米。

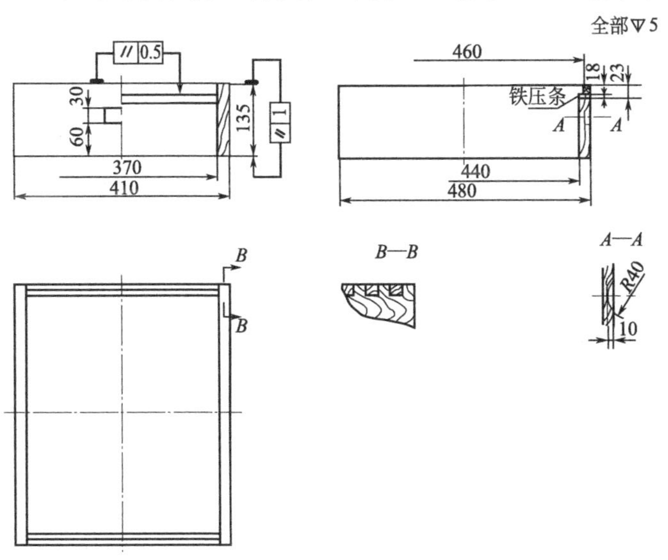

附图 6　浅继箱（单位：毫米）

2.7 铁压条

铁压条见附图 7。

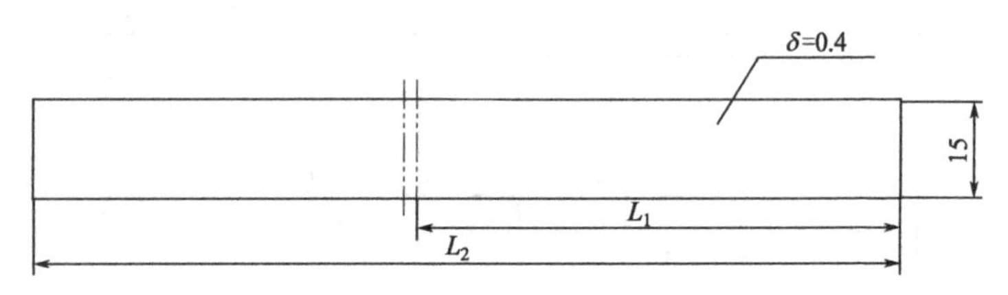

附图 7 铁压条（单位：毫米）

L_1—179，用于巢箱；L_2—370，用于浅继箱

2.8 巢箱

巢箱见附图 8。

技术要求：

a. 放置隔板槽应光滑平整。

b. 放置纱窗拉板槽应光滑平整。

c. 放置巢框的铁压条用铁钉固定。

d. 铁丝网用 245 毫米 × 15 毫米 × 10 毫米，80 毫米×15 毫米×10 毫米的木条及铁钉固定。

e. 巢箱榫头尺寸为 20 毫米×20 毫米。

2.9 巢箱巢框

巢箱巢框见附图 9。

技术要求：

a. 巢框放入巢箱内，应移动平滑。

b. 四框用铁钉钉合。

2.10 巢门板

巢门板见附图 10。

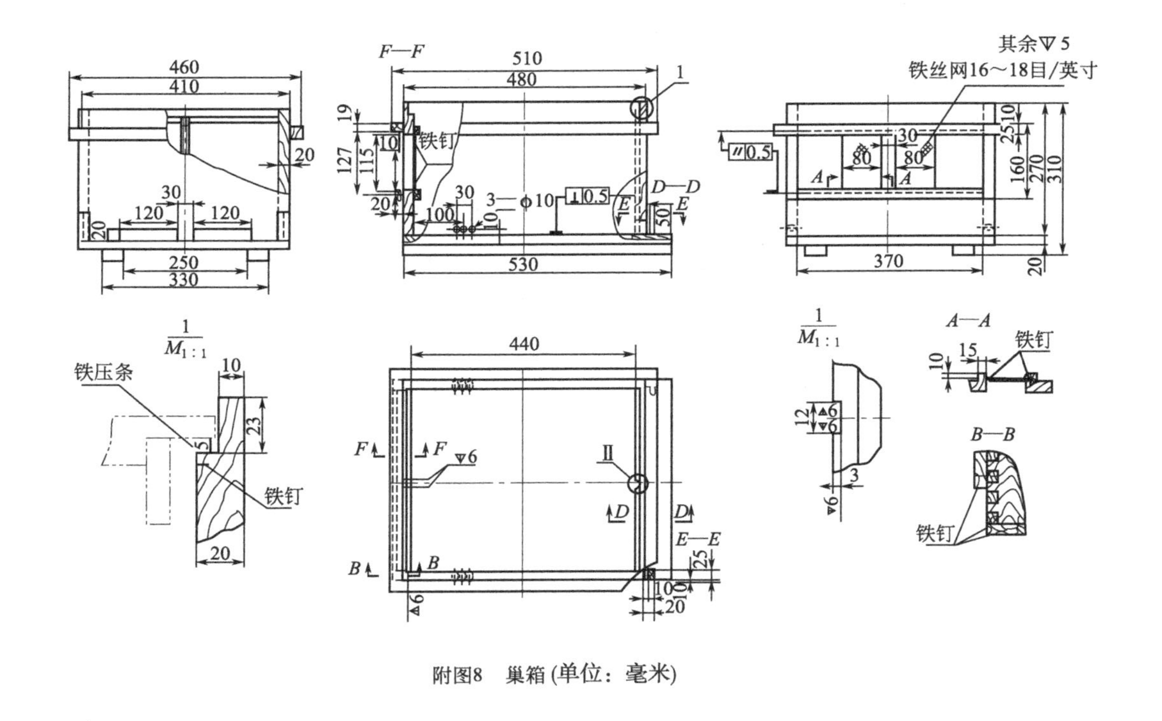
其余▽5
铁丝网16～18目/英寸
F—F
D—D
E—E
A—A
B—B
铁钉
铁压条
460
410
510
480
530
440
370
310
270
160
250
330

附图8　巢箱(单位：毫米)

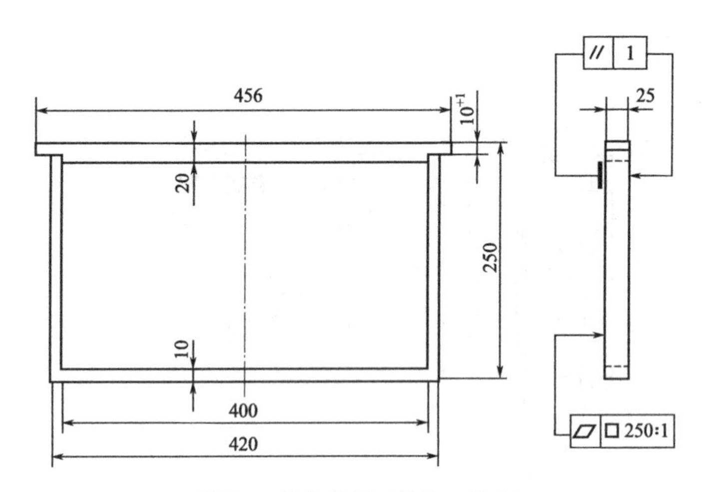

附图 9　巢箱巢框（单位：毫米）

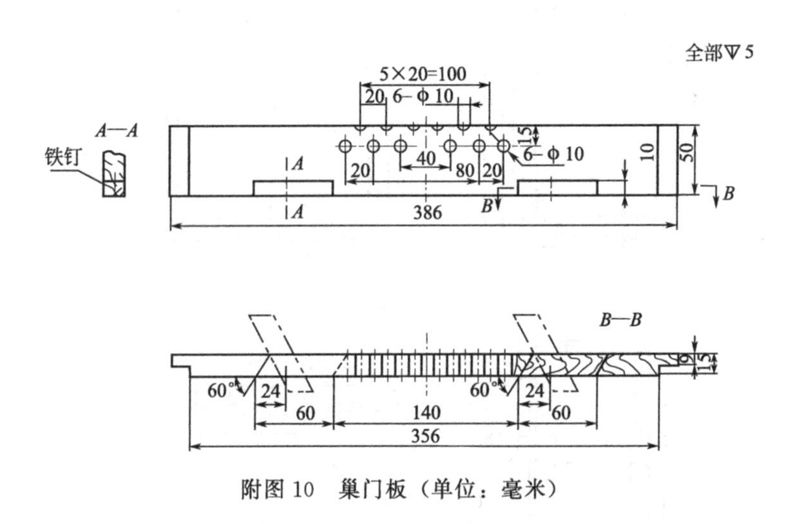

附图 10　巢门板（单位：毫米）

技术要求：

a. 两舌形孔的活门应转动灵活。

b. 巢门板应平整，不得翘曲，保证平滑放入巢箱。

2.11 纱窗拉板

纱窗拉板见附图11。

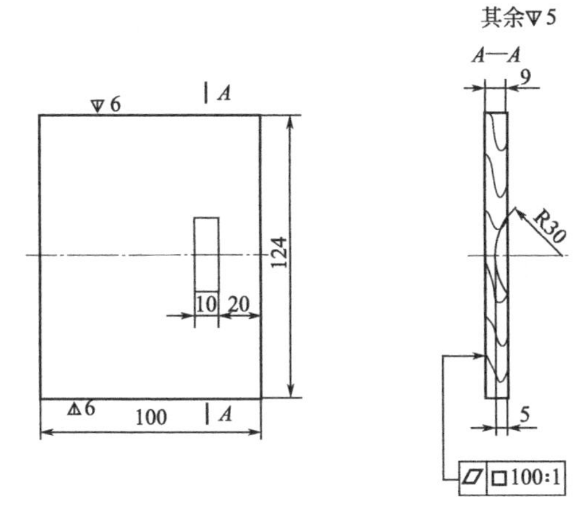

附图11 纱窗拉板（单位：毫米）

技术要求：

a. 倒棱。

b. 拉板放入巢箱内应拉动自如。

2.12 巢箱隔板

巢箱隔板见附图12。

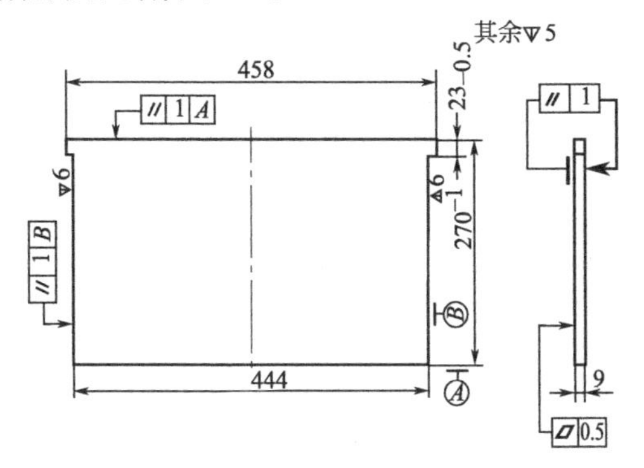

附图12 巢箱隔板（单位：毫米）

附加说明：

本标准由中华人民共和国农牧渔业部提出。

本标准由中国农业科学院养蜂研究所中蜂标准箱研究协作组负责起草。

本标准主要起草人杨冠煌、段晋宁、吴永中、肖洪良。

本标准委托中国农科院养蜂研究所负责解释。

附录2 中华蜜蜂活框饲养技术规范

《中华人民共和国行业标准》(ZB B47 001—88)

1 主体内容与适用范围

本标准适用于中华蜜蜂(简称中蜂)活框饲养管理。

2 名词术语

蜂群:由一只蜂王,10000只以上工蜂,少数雄蜂组成的能独立生活的群体。

蜂巢:蜂群繁衍生息、贮存饲料的场所。由一个或多个与地面垂直、并列的巢脾构成。

群势:衡量蜂群强弱的名称,通常以框蜂和千克蜂重计算。

巢脾:两面具有六角形巢房的蜡板,构成蜂巢的基本单位。

子脾:巢房内以卵、幼虫、蜂盖蛹为主,称子脾。以卵、幼虫为主叫卵虫脾。以蜂盖蛹为主叫蜂盖子脾。

粉、蜜脾:巢房内以花粉、蜂蜜为主的巢脾。

赘脾:在巢框的上梁、侧梁上营造的小块新巢脾。

土法饲养:巢脾一端固定在附着物上,全部是工蜂建造的自然巢脾，不能随意检查和管理的饲养方法。

活框饲养：巢脾固定在活动巢框内，能在箱内随意移动，采用人工巢础造脾，可以随时检查和管理的饲养方法。

繁殖期：蜂群以繁殖蜂儿为主，群势不断扩大引起自然分蜂的时期。

流蜜期：外界有一种主要蜜源植物开花，蜂群能生产大量蜂蜜的时期。

分蜂热：蜂群内部产生自然王台，工蜂出勤减少，蜂王产卵急剧下降时称发生分蜂热。

交尾群：供处女王交尾使用的小群。

蜜粉源：能提供蜂群繁殖需要的花粉和花蜜的显花植物开花期总称。提供花粉为主的开花植物称粉源。提供花蜜的开花植物称蜜源。

3 中蜂场基本操作技术

3.1 中蜂蜂箱的排列

应根据地形、地物分散排列，各群的巢门方向尽量错开。

① 山区利用斜坡放置蜂群，以高、低不同错开各箱巢门。

② 转地放养的蜂群，应以 3～4 群为一组排列，组距 4 米左右。但两箱相靠时，其巢门应错开 45 度以上。

③ 每个蜂箱，用短木桩支起，使其离地面约 30 厘米。

3.2 蜂群的移动

蜂群安置好后不能随意移动。如需要变动位置时，只能以每日0.5m的距离移动，而且巢门方向不能改变。

3.3 蜂群的检查

为了摸清蜂群情况，应及时采取有效管理措施：分全面检查、局部检查、箱外观察等方法对蜂群进行了解。

3.3.1 全面检查

一般在越冬前、大流蜜期前后和转地放养后进行。全面检查需选择晴暖无风的天气（气温15～25℃），养蜂人员衣着整洁，无异味，动作要稳、准、轻、快。

3.3.2 局部检查

对蜂群不定期地进行针对性抽查，了解蜂王是否健全，蜂内是否产生分蜂热，有无病虫害，贮备蜂蜜和花粉的多少等。以便实行正确的管理措施。

3.3.3 箱外观察

外界无粉蜜或天气恶劣，不能局部检查时，可通过箱外观察工蜂采集情况进行估计；若工蜂采粉正常，外勤蜂活动积极即内部正常。

3.3.4 检查蜂群后调整

检查蜂群后，应进行巢脾的布置。中央是虫卵脾，外周是蛹脾和蜜粉脾。繁殖期加入空脾应置放在子脾之间。

3.3.5 蜂与巢脾的配比关系

早春和晚秋蜂多于脾。春夏繁殖期、流蜜期蜂脾相称或脾多于蜂。

3.4 蜂群的合并

将失王群或弱群合并成强群，促使其正常发展和采集。

3.4.1 直接合并

外界蜜粉源丰富或流蜜期，把弱小蜂群（除掉蜂王）或无王群连蜂带脾直接提入合并。

3.4.2 间接合并

早春、晚秋和外界粉蜜源条件差时，应采用间接合并。晚上把无王群提入有王群内，用铁纱隔板或有小孔的报纸与有王群隔开。24 小时后，两群气味混同，撤出铁纱隔板或报纸进行合并。调整巢脾组成一群。

3.5 蜂王的诱入

蜂群失王，更换老劣王和人工分蜂，都需要给蜂群诱入蜂王。

3.5.1 间接诱入

把蜂王提入诱入器中，扣在被介绍蜂群的子脾边角(须前一天把原群蜂王除掉)，1～2 天后工蜂不再紧围诱入器时，可将蜂王放出，取出诱入器。

3.5.2 直接诱入

流蜜期当采集蜂大量外出时，将接受蜂王的蜂群内的王台除净。把蜂王直接放入巢门或巢脾一角，如在 1 小时内不围王，则诱入成功。若蜂王被围，应采取解救措施。

3.5.3 被围蜂王的解救措施

把被围蜂王的蜂球投入盛水碗中，将蜂王救出，轻放在巢脾的框梁上，让它慢慢爬进巢脾。或改用间接诱入。

3.6 人工分蜂

从一群或几群中，抽出部分工蜂、子脾和蜜粉脾，诱入一只新蜂王或成熟王台组成新蜂群为人工分蜂。

3.6.1 单群分蜂

把一群的工蜂、子脾和蜜粉脾分为两群，新蜂群诱入新王，两群同箱饲养，巢门方向不同。

3.6.2 混合分群

从几群发生分蜂热的分群，提出封盖子脾和工蜂诱入新王组成新群。

3.7 自然分蜂和飞逃的控制与蜂团的收捕

采用人工分蜂，换新王，互换外勤蜂或子脾等能有效控制蜂群发生的分蜂热。针对引起蜂群飞逃的各种不良因素，及时改善能避免发生飞逃，蜂群飞出结团后，用收蜂笼及时收回。

① 流蜜期若采集群发生分蜂热，应与繁殖群互换外勤蜂和子脾以清除分蜂热。

② 及时消除蜂群内的病虫害，防范盗蜂，避免药物刺激和高温暴晒，补充蜜粉饲料可以防止蜂群飞逃。

③ 蜂群飞出结团后，立即收捕，同时检查飞逃原因；若自然分蜂，应清除群内王台，或另组新群。若飞逃，应清除群内不良因素后，再将蜂团抖落，晚上奖励饲喂。

3.8 工蜂卵的识别和处理

失王四天以上，即发生工蜂产卵现象。工蜂产的卵分散，常数粒一房。应立刻诱入成熟王台或产卵王。若诱入蜂王困难，即把原群从原位移开1～2米。原位放一框有王和蜂的子脾。把原群内全部巢脾提出，关闭巢门。次日让工蜂自动飞回原址投巢，再加脾调整。

3.9 盗蜂的识别

当外界蜜粉源缺乏时，在正常蜂群的蜂箱周围出现杂乱飞翔的它群工蜂，巢门发生工蜂互相咬杀，即发生盗蜂。处理方法如下：

① 零星盗蜂：缩小被盗蜂群的巢门，或在巢门放置杂草使盗蜂不易侵入。

② 大股盗蜂：迅速关闭被盗群巢门，喷烟驱除盗蜂。傍晚开巢门放回盗蜂，把盗蜂群搬走，原位放空箱。

③ 互相起盗：把全场蜂群的原巢门关闭，另开圆孔巢门。如仍不见效，应立即迁场。

3.10 饲喂

当外界蜜粉源不足或中断时，或者为了迅速加速蜂群的繁殖，需要进行人工饲喂。

① 蜜粉源缺乏期，越冬前或早春繁殖时蜂群缺蜜，应用白糖或蜂蜜混合5%～10%的水，文火化开，冷却后用饲喂器饲喂，1～2天喂足。

② 春、秋繁殖期，用白糖或蜂蜜加水配成1∶1糖浆，每日饲喂约200毫升，连续奖励饲喂。

③ 外界缺乏花粉，而蜂群内没有贮存花粉时，应

饲喂天然花粉或者黄豆粉、干酵母粉、奶粉、蜂蜜按3∶1∶1∶1的比例配成的蛋白质饲料。

④ 蜂场上提供0.5%食盐水供蜂群采用。

3.11 蜂群的保温

在早春、秋季和越冬期为使蜂群不受损失，必须人工保温。

3.11.1 蜂群内包装

在巢内隔板外加保温框或塞入碎棉、稻草等物，副盖上加保温物。

3.11.2 蜂群外包装

蜂群外铺稻草，箱上盖稻草帘和防雪用品。蜂群紧靠，两箱间的缝隙用碎草塞紧。

3.12 造脾和巢脾的保存

繁殖期需要扩大蜂巢时应安装巢础供蜂群造脾。蜂群需要缩小蜂巢时应提出多余巢脾进行保存和处理。

3.12.1 安装巢础

在巢框上穿上23～24号铅丝，然后把巢框连同巢础平放在埋线板上，用埋线器把铅丝嵌入巢础。

3.12.2 造脾

外界有丰富的蜜粉源，气温在20℃以上，蜂巢内出现白色蜡鳞和赘脾时，把装好的巢础在傍晚插在蜜脾与子脾之间，待造成半巢房时，换到卵虫脾之间让工蜂继续造脾并供蜂王产卵。

3.12.3 巢脾的保存

从蜂群内提出多余巢脾，集中存放在空箱内，然后把箱缝及纱窗糊严，暂时留出巢门以供用瓦片上放硫黄点燃放入箱内，然后关闭巢门进行熏杀。半个月后再熏杀一次，然后封闭巢门，放于阴凉干燥处保存待用。

将旧脾、坏脾、病脾收集起来进行化蜡，星蜡屑放入晒蜡器内或挤成蜡团留作化蜡时使用。

4 繁殖期管理

蜂群以繁殖蜂儿为主要活动时称繁殖期。蜂群繁殖期分春夏季繁殖期和秋季繁殖期。这个时期主要管理措施：注意保温，供应足够饲料，及时扩大蜂巢，人工育王，双王同箱饲养，防治病虫害等。

4.1 人工育王

利用人工台基在蜂群中培育优质蜂王。

① 育王框、蜡碗棒、移虫针是人工育王的主要用具。

a. 用弹力移虫针或鹅毛制作的移虫针。

b. 蜡碗棒由硬质木制作，下断面为直径 7～8 毫米的半球。

c. 采用内径宽 200～250 毫米，高 200～220 毫米的窄式育王框。

② 选择与育王群没有血缘关系或外地引进的良种，在人工育王前 20 天培育雄蜂。

③ 育王群与母群的选择

以能维持大群，南方 5 框以上，北方 7 框以上的蜂群为育王群。选择蜂王产卵力强、抗病力强、性情温顺的母群。育王框与母群应用同一血统。

④ 育王群的组织

用隔王板把全群分为育王区和繁殖区。蜂王留在繁殖区内，育王区内放蜜粉脾和幼虫脾，育王区占原巢门的2/3。或者把育王群的蜂王暂时提出，待王台被接受后再放回。

a. 育王框上安放直径8毫米、深11毫米的人工台基30个。台与台距离9～10毫米，每框移入24～36小时的幼虫30条。移虫后立刻提入育王区。

b. 次日，再提出育王框，取出台基内的幼虫，再从母群移入18～24小时的幼虫，培育成蜂王。

⑤ 组织交尾群

复式移虫后10天，从强群中提出1～2框粉蜜多的封盖子脾，带蜂放入一只优质王台（注意不要挤压、倒置）组成交尾群。

a. 王台应粗壮，蜂王出房后王台底有剩余王浆，蜂王体格健壮，颜色鲜明。

b. 蜂王交尾丢失后，再放入一个成熟王台，若两次交尾都丢失，此交尾群应合并。

4.2 双王同箱饲养

双王同箱饲养可以克服群势小、保温差的缺点。采用人工分蜂组成，以母女同箱或姊妹同箱饲养为宜。

① 早春原群发展到4～5框蜂时，在箱中间加隔离

板，从原群中提出一框封盖子脾，一框蜜粉脾，一框以幼蜂为主蜂放置在隔离板一侧，开侧巢门诱入成熟王台，新蜂王交尾成功后形成的新群同老群同箱饲养。两个弱群也应同箱饲养。

② 若工蜂偏集一群时，应调整群势，改变巢门方向。

③ 夏季流蜜期或平均气温在 25℃以上时，一般不宜双王同箱饲养。

④ 当群势发展到 5 个巢脾时应改为单群饲养。

4.3 扩大蜂巢

及时加础造脾，扩大蜂巢，并用新脾更换老脾。

4.4 防治病虫害

注意预防囊状幼虫病及欧洲幼虫腐臭病，秋季特别注意防治巢虫及胡蜂。

5 生产花粉

外界有丰富的蜜粉源，蜂群内有两框以上卵、幼虫脾，群势在四框以上，便可以生产花粉。早春繁殖期不宜生产花粉。

采用封闭型巢门脱粉器收集花粉。脱粉板上有 2～4 排圆孔，其直径 4.2～4.5 毫米，板长 360 毫米、宽 105 毫米。脱粉板下为封闭式的花粉收集盒。

① 将脱粉器安置在巢门前，同一排列的蜂群应同时安脱粉器。

② 天气炎热时，强群应去掉脱粉器，避免闷死蜜蜂。外界施放农药时，停止脱粉，采集群不能脱粉。

③ 每隔 2～3 天必须将收集盒中的花粉收集贮存。

花粉贮存：刚收集的花粉必须干燥至含水 8%以下才能贮存，否则会引起发酵或受真菌、细菌污染。

① 远红外花粉干燥箱干燥法：将新鲜花粉置于多层的花粉盘中，密闭后在 45℃条件下干燥 6 小时，花粉中水分可降至 8%以下。冷却后，装入密闭的容器或双层塑料袋中。

② 硅胶干燥方法：用“变色硅胶”（吸湿率＞31%，含水量 4%，蓝色吸水后变红色）按 15∶1（花粉∶硅胶）称出硅胶，用 4～5 层纱布包好，置于密闭容器的花粉中，盖严，约 24～28 小时硅胶变为红色后取出，在 150℃下烘烤，失水变蓝后，可再用。

6　流蜜期的管理

① 当大宗蜜源植物（如油菜、枣、乌桕、荆条、野桂花、八叶五加、野坝子等）开花工蜂大量出外采集花蜜，并大量生产蜂蜜时为流蜜期。

② 采蜜群一般在 6 框以上，以老蜂王为宜，春、夏两季应及时控制分蜂热，秋末采蜜注意蜂群保温。

a. 早春油菜，秋末冬初的野桂花、八叶五加流蜜期宜使用主副群、双王群取蜜。

b. 阴雨天多时，应及时控制分蜂热。

c. 采蜜群中可借用意蜂空脾贮蜜。

③ 子脾上周贮蜜区大部分封盖或空脾、边脾的蜂蜜大部分已封盖时，才能取蜜。

a. 取蜜步骤：抖蜂→割蜜盖→放入摇蜜机中摇动1～2分钟→取出空脾→放回原群。

b. 群势8框以上，可用浅继箱取蜜。

c. 蜜源不集中，但延续时间长的流蜜期，应采用多次抽取，而且在室内摇蜜。

④ 取蜜工具：摇蜜机、蜜桶、割蜜刀、蜂扫、面网。

a. 使用前必须用清水洗净，晒干后使用。

b. 摇蜜机内必须没有铁锈和机油污染。最好使用木桶或塑料桶制成的摇蜜机。

⑤ 摇蜜机流出的蜂蜜必须经24目以上的铜网或绢布过滤，除去杂质，存放在内涂树脂的蜜桶或水缸中。

a. 贮存的蜂蜜必须当年售出。

b. 含水分大的蜂蜜、已发酵的蜂蜜不得在市场上销售，应留作饲料使用。

7 短途转地放蜂

7.1 转地前的准备

应详细了解转运目的地的蜜源情况、放蜂密度。然后调整转地的蜂群，固定巢脾，启开纱窗，关闭巢门。

① 新场地距原场地的距离应在400千米范围之内，而且周围没有大量施放农药。

② 用距离卡从两端固定巢脾，每个巢脾的两面都需要留有蜂路。

③ 每群箱内尽可能用巢脾和空框装满。

7.2 转地途中的管理

运蜂应于早晨或晚上，巢脾与运行方向一致。热天转运注意供水、遮阴。途中停留不宜超过1小时。注意防止蜂群闷热而死。

7.3 转入新场地后蜂群的管理

立即卸车，3～5群一组，分散摆开而且巢门方向错开，蜂群安定后，及时松卡，整理蜂群。

① 放置好蜂群，关闭纱窗，然后间隔和分批打开巢门。

② 若打开巢门出现飞逃的蜂群，重新关闭巢门，待晚上再开启巢门。

③ 待蜂群安定后，立刻松卡，抽出多余的空框、空脾。检查蜂群，如发现坠脾、失王应及时处理。

8 度夏管理

① 7月底至8月初野外蜜粉源缺乏，持续高温，这个时期称度夏期。度夏前，合并两框以上的弱群，把各群调整至4～5框群势，清除箱内或巢脾上的巢虫。群内应有1～2框半封盖蜜脾。

② 管理：

遮阴，供水，少开箱检查，及时控制蜂群避免产生飞逃情绪。

a. 把蜂群移到树荫下或屋檐下。中午高温时，在蜂箱四周洒水降温，适当开大巢门。

b. 以箱外观察为主，若发现工蜂出勤少，应在傍晚开箱检查，根据情况改善箱内条件。

c. 把蜂箱垫高以防蟾蜍及蚂蚁危害，并经常捕打胡蜂。

③ 度夏后的检查：9 月初，野外出现零星蜜粉源，蜂群开始繁殖时，对全场蜂群进行全面检查，调整群势，清除巢虫，合并弱群并进行奖励饲喂。

④ 具立体气候的山区，可以把蜂群转运到高山进行度夏。

9 越冬管理

① 越冬：蜂群在冬季平均气温长期处于 0℃以下的时期，群内停止哺育幼虫，蜂群结团，并停止采集活动。

② 选择背风、干燥、安静的地方作为越冬场所，并遮蔽阳光，使蜂群安静。

③ 管理：越冬期非特殊原因不开箱，采用箱外观察来掌握蜂群情况，并采取相当措施。

a. 在巢门侧耳倾听时发出轻微的“嗡嗡”声或轻敲箱壁发出“嗡嗡”声，然后马上静下来，属正常情况。

b. 发现工蜂在巢门口进出抖翅，箱内情况混乱表明可能失王。应在晴暖的中午开箱检查，若失王应诱入储备王，或并入他群。

c. 蜂群喧闹不安，从巢内掏出断头缺翅的死蜂，并有巢脾碎块，可断定是鼠害，应及时驱杀，查找鼠洞予以堵塞。

d. 如听到箱内骚动声经久不息，蜂团散开，表明箱内缺蜜，应紧贴蜂团，插入封盖蜜脾、蜂脾。

e. 缺水时，蜂群表现不安，从巢门掏出蜂蜜结晶。可在巢门喂 0.2%的食盐水。

附录 A 使用说明

（补充件）

A1 本标准可供由土法饲养改为活框饲养和已采取活框饲养的中蜂群参考使用。

A2 本标准的各条款内容是基本的饲养管理技术。各地还可根据这些条款，因地制宜提出适合本地区生态条件的补充内容。

附录 B 过箱操作技术

（补充件）

B1 过箱条件

B1.1 适用于在木桶、竹篓、土窝、谷仓、墙洞等土法饲养的蜂群改为活框饲养时使用。

B1.2 外界有蜜粉源，气温稳定在 15℃以上，以春季为宜。

B1.3 蜂群须有一定群势；长江以北 4 框，华南 3 框。

B1.4 备有十框标准中蜂箱或其他箱式、穿好铅丝的巢框、承脾板、硬纸片、棉纱线、割蜜刀、小刀、面网、蜂刷、收蜂笼、图钉、脸盆、抹布、桌子等。

B1.5 将悬挂的木桶蜂群，逐渐转移到地面。

B2 翻巢过箱

B2.1 先将蜂巢搬离原位约5米，并在原位放一空蜂箱收集外勤蜂。然后将蜂巢翻转180度，使蜂巢的下端朝上，驱蜜蜂迅速离脾，进入收蜂笼，用割蜜刀从基部取出巢脾，进行割脾、绑脾。操作过程应尽量缩短时间。

B2.2 2～3人同时操作；一人脱蜂割脾，一人装框绑脾，传脾及布置新蜂巢。

B2.3 观察好巢脾的建造方位，使巢脾纵向与地平线垂直，然后顺势把蜂巢缓慢转过来，放在原来的位置上。

B2.4 靠近蜂团的上方放置收蜂笼，然后用木棒从下向上轻轻打，待巢内的蜜蜂全部进入收蜂笼后，把蜂桶打开，暴露出全部巢脾。

B2.5 用右手握割蜜刀沿基部割下巢脾，另左手轻托巢脾，放在承脾板上，进行裁切，去老脾留新脾，去空脾留子脾，去雄蜂脾留粉脾。

B2.6 切割巢脾使其稍小于巢框内径，基部平直，紧贴上框梁。然后顺着巢框上穿行的铅丝，用小刀划脾，深度以接近房底为准。再用小刀把铅丝埋入房底后用棉纱线在适当部位穿过铅丝钩绑或用棉纱线连硬纸片在巢脾下缘吊绑。

B2.7 已绑好的巢脾立刻放进蜂箱内，大块的子脾放在中间，较小的依次放在两边。巢脾间保持6～8厘米的蜂路。

B2.8　把收蜂笼中的蜂团抖落在箱内，盖上箱盖，打开巢门。1～2小时后，打开箱盖观察；若蜂团结在一角，用蜂刷轻赶蜂团移到巢脾，迫蜂上脾。

B3　不翻巢过箱

B3.1　在仓内、地板下、墙洞内结巢的蜂群过箱时，先用木棒轻击蜂巢一侧，或吹烟驱蜂，迫使蜜蜂离开巢脾在空隙结团，然后割脾、绑脾。

B3.2　过箱时，待蜂团稳定后，再用收蜂笼收入。若蜜蜂难结团，须尽可能找到蜂王后再收蜂。

B3.3　过箱操作完成后用泥土封闭原巢门的出入洞口，并把蜂箱置在入口的前方。

B4　借脾进箱

从已采取活框饲养的蜂群内提出粉、子脾供给过箱群。把刚绑好的巢脾分散到提脾群。这种借脾过箱的蜂群能很快稳定。

B5　过箱后管理

B5.1　过箱操作后，收藏好多余巢脾和蜂蛹，清除桌上或地上的残蜜。把蜂箱巢门缩小，观察工蜂采集活动情况。

B5.2　次日观察到工蜂积极采集和清巢活动，并携带花粉团回巢，表示蜂群已恢复正常。若工蜂出勤少，没有花粉带回，应开箱检查原因进行纠正。

B5.3　三四天后，对蜂巢进行整顿，巢脾已粘牢的可以除去绑线。没有粘牢或下坠的应重新绑牢。同时把箱底的蜡屑污物清除干净。

B5.4 若发现失王，即选留1～2个好王台，或诱入1只蜂王。若发生盗蜂应及时处理。

附录C 主要病虫害症状鉴别

（参考件）

C1 中蜂囊状幼虫病

C1.1 症状：5～6日龄幼虫死亡，约30%死于封盖前，60%死于封盖后。死亡幼虫头部上翘，黄白色，无臭味。体表失去光泽，用镊子拉出如同小囊，内含液体，末端积聚有透明的液滴。成蜂表现不安，易离脾，出勤少，易飞逃。多发生在春夏之间。

C1.2 预防：选出抗病群育王，加强保温，密集群势。

C2 欧洲幼虫腐臭病

C2.1 症状：主要传染2～4日龄幼虫。发病早期无明显症状，病虫失去光泽和弹性，虫尸由苍白到浅黄而腐烂、酸臭，最后逐渐干枯于巢房底，易挑出。巢脾成花子脾。严重时蜂王停产，工蜂出勤减少以至弃巢逃亡。春、秋繁殖期易发生此病。

C2.2 传染途径：污染的饲料和水是此病的主要传染源，采集工蜂是传染的媒介。

C2.3 预防：早春饲养强群，补充饲料，严格蜂具消毒。

C3 巢虫

C3.1 症状：巢虫是蜡螟的幼虫，有大、小两种，寄生巢脾为害蛹，被侵害的蛹形成“白头”，叫“白头蛹”。被侵害的群势日衰，重者逃亡。

C3.2 发生：巢虫主要在春、夏两季发生，易在弱群、脾多蜂少、蜂箱被破坏的蜂群内发生。

C3.3 预防：及时修补箱身缝隙，清除箱底蜡渣，保持蜂脾相称，对提出的旧脾应严格杀死巢虫后保存，把蜂场上蜡渣和碎脾收拾干净。

C4 胡蜂

C4.1 种类：品种很多，以金环胡蜂、墨胸胡蜂、墨腹胡蜂为主。

C4.2 发生：夏秋季为胡蜂猖獗期，它们盘翔于巢门附近或守在巢门捕杀和咬杀工蜂，甚至攻入巢内迫使蜂群飞逃。

C4.3 防除：防除方法主要是人工捕杀。

附加说明：

本标准由中国农业科学院蜜蜂研究所、云南农业大学养蜂研究室起草。

本标准主要起草人：杨冠煌、孙庆海、韩胜明、匡邦郁。

本标准由中国农业科学院蜜蜂研究所负责解释。

中华人民共和国农业部 1988-10-18 批准 1989-05-01 实施。

参 考 文 献

[1] 冯峰．中国蜜蜂病理及防治学［M］．北京：中国农业科技出版社，1995.

[2] 杨冠煌．中华蜜蜂的保护和利用［M］．北京：科学技术文献出版社，2013.